安徽省省级规划教材

基于 MATLAB 的地球物理程序设计基础与应用

JIYU MATLAB DE DIQIU WULI
CHENGXU SHEJI JICHU YU YINGYONG

张平松　吴海波　**主　编**
吴荣新　郭立全　胡雄武　黄艳辉　胡泽安　**副主编**

内容提要

本教材以地球物理程序设计为主要内容,全书共分3部分。其中,程序设计基础部分为第1章至第5章,主要介绍了MATLAB软件的基础知识、程序设计、图形操作、文件操作、数值计算和用户界面设计等内容;地球物理程序设计应用部分为第6章至第10章,分别介绍了重力勘探、磁法勘探、电法勘探、地震勘探以及地球物理测井的相关程序设计内容,涉及模型的正反演、数据处理与计算、图形绘制与输出、文件读取与保存、用户界面设计等;上机实验部分为附录,主要针对本教材涉及的几种地球物理勘探方法配套编写了上机实验内容。本教材应用的实例多为地球物理勘探中常涉及的理论问题与工程实践问题,相关的程序代码均经过验证。

本教材适用于勘查技术与工程、地球物理学等相关专业本科生,亦可供相关专业研究生、科研技术人员、实验测试人员参考与使用。

图书在版编目(CIP)数据

基于MATLAB的地球物理程序设计基础与应用/张平松,吴海波主编.—武汉:中国地质大学出版社,2020.1
ISBN 978-7-5625-4727-3

Ⅰ.①基…
Ⅱ.①张… ②吴…
Ⅲ.①地球物理-程序设计-Matlab软件
Ⅳ.①P3-49

中国版本图书馆CIP数据核字(2020)第296389号

基于MATLAB的地球物理		张平松	吴海波	主 编
程序设计基础与应用	吴荣新 郭立全 胡雄武	黄艳辉	胡泽安	副主编

责任编辑:李应争	选题策划:李国昌 张 旭	责任校对:徐蕾蕾
出版发行:中国地质大学出版社(武汉市洪山区鲁磨路388号)		邮政编码:430074
电 话:(027)67883511	传 真:(027)67883580	E-mail:cbb@cug.edu.cn
经 销:全国新华书店		http://cugp.cug.edu.cn
开本:787毫米×1 092毫米 1/16	字数:384千字	印张:15
版次:2020年1月第1版		印次:2020年1月第1次印刷
印刷:湖北睿智印务有限公司		
ISBN 978-7-5625-4727-3		定价:48.00元

如有印装质量问题请与印刷厂联系调换

前　言

本教材是为勘查技术与工程（应用地球物理）专业"地球物理程序设计"课程编写的，主要读者对象为煤炭、石油和地矿院校的相关专业本科生，也可作为其他相关专业研究生以及现场技术人员的培训和参考教材。全书涵盖了 MATLAB 程序设计的基础内容，以及重、磁、电、震、测井等多种地球物理勘探方法的程序设计方法与案例。

本教材在编写上力求系统全面、通俗易读，特别注重基础方法与应用相结合。基础部分针对性地回顾了 MATLAB 程序设计的基础内容，包括程序设计基础、图形与文件操作和数值计算等；应用部分以常见的地球物理勘探方法为主，着重介绍了图形与文件操作、数值计算、程序流程控制和函数文件等基础程序设计内容在地球物理领域的应用，同时配有大量实例，多为日常科研和生产中遇到的典型地球物理问题。全书附有上机练习部分，并选取了有代表性的实验例题，便于实验教师教学和学生动手实践。

本教材由安徽理工大学地球与环境学院勘查技术与工程教研室编写，由张平松、吴海波担任主编。其中，张平松编写第 1 章、第 8 章和第 9 章，吴海波编写第 2 章、第 3 章、第 4 章、第 5 章、第 9 章和第 10 章，黄艳辉编写第 6 章和第 7 章，吴荣新、胡雄武参与编写第 8 章，郭立全、胡泽安参与编写第 9 章，全书由张平松统稿。

本教材在编写过程中，承蒙中国矿业大学董守华教授、刘盛东教授、黄亚平副教授、祁雪梅副教授提供了相关资料并提出了宝贵意见，在此表示感谢。特别感谢中国地质大学（武汉）朱培民教授对教材的审校。

本教材牵涉的内容较多、范围较广，由于编者水平有限，难免存在遗漏和不妥之处，恳请读者批评指正。

编者
2019 年 8 月

目　录

第1章　绪　论 (1)
1.1　程序设计语言简介 (1)
1.1.1　计算机语言分类 (1)
1.1.2　计算机语言简介 (3)
1.2　MATLAB简介 (6)
1.2.1　MATLAB概况 (6)
1.2.2　MATLAB的发展历史 (6)
1.2.3　MATLAB的语言特点 (7)
1.3　地球物理程序设计语言的选择 (8)

第2章　MATLAB程序设计基础 (10)
2.1　矩阵及其运算 (10)
2.1.1　变量及其操作 (10)
2.1.2　数据类型 (12)
2.1.3　矩阵创建与拆分 (21)
2.1.4　矩阵的运算 (26)
2.1.5　矩阵函数及其基本操作 (27)
2.1.6　特殊矩阵与应用 (41)
2.2　MATLAB程序设计基础 (45)
2.2.1　M文件 (45)
2.2.2　MATLAB程序结构 (47)
2.2.3　程序的流程控制 (53)
2.2.4　函数文件 (56)
2.2.5　程序调试和优化 (59)

第3章　MATLAB的基本操作 (61)
3.1　图形的绘制与操作 (61)
3.1.1　二维图形的绘制 (61)

3.1.2 三维图形的绘制 …………………………………………………… (69)
3.1.3 图形的控制 ………………………………………………………… (75)
3.2 文件操作 ……………………………………………………………………… (85)
3.2.1 文件的打开与关闭 ………………………………………………… (85)
3.2.2 文件的读、写操作 ………………………………………………… (88)
3.2.3 数据文件定位 ……………………………………………………… (92)

第 4 章 MATLAB 的数值计算 …………………………………………………… (94)

4.1 数值处理与多项式计算 ……………………………………………………… (94)
4.1.1 数据统计与分析 …………………………………………………… (94)
4.1.2 数据插值 …………………………………………………………… (99)
4.1.3 曲线拟合 …………………………………………………………… (104)
4.1.4 多项式运算 ………………………………………………………… (108)
4.2 数值微积分 …………………………………………………………………… (111)
4.2.1 数值微分 …………………………………………………………… (111)
4.2.2 数值积分 …………………………………………………………… (113)
4.3 线性方程组求解 ……………………………………………………………… (115)
4.3.1 直接解法 …………………………………………………………… (116)
4.3.2 迭代法 ……………………………………………………………… (119)
4.4 离散傅里叶变换 ……………………………………………………………… (124)
4.4.1 离散傅里叶变换算法简述 ………………………………………… (124)
4.4.2 离散傅里叶变换的程序实现 ……………………………………… (124)

第 5 章 图形用户界面设计 ………………………………………………………… (127)

5.1 菜单设计 ……………………………………………………………………… (127)
5.1.1 菜单创建 …………………………………………………………… (127)
5.1.2 菜单属性 …………………………………………………………… (128)
5.2 对话框设计 …………………………………………………………………… (129)
5.2.1 输入参数对话框 …………………………………………………… (130)
5.2.2 输入信息对话框 …………………………………………………… (130)
5.2.3 文件管理对话框 …………………………………………………… (131)
5.3 可视化图形用户界面设计 …………………………………………………… (133)
5.3.1 设计窗口 …………………………………………………………… (133)
5.3.2 可视化设计工具 …………………………………………………… (134)

第 6 章 重力勘探程序设计 ………………………………………………………… (137)

6.1 重力异常的正演 ……………………………………………………………… (137)
6.1.1 密度均匀的球体 …………………………………………………… (137)

  6.1.2 密度均匀的无限长水平圆柱体 ·· (138)
  6.1.3 密度均匀的台阶体 ·· (140)
 6.2 重力异常的叠加 ·· (142)
  6.2.1 多个局部重力异常的叠加 ·· (142)
  6.2.2 局部重力异常与区域重力异常背景的叠加 ······································ (143)
 6.3 重力异常的转换处理 ·· (145)
  6.3.1 重力异常的解析延拓 ·· (145)
  6.3.2 重力异常的高阶导数法 ·· (148)

第 7 章 磁法勘探程序设计 ·· (150)

 7.1 磁异常的正演模拟 ·· (150)
  7.1.1 均匀球体的磁异常 ·· (150)
  7.1.2 无限长水平圆柱体的磁异常 ·· (152)
  7.1.3 无限长厚板状体的磁异常 ·· (154)
 7.2 磁异常分量的换算 ·· (156)
 7.3 磁异常的解析延拓 ·· (158)

第 8 章 电法勘探程序设计 ·· (162)

 8.1 直流电测深正演计算 ·· (162)
 8.2 大地电磁测深正演计算 ·· (166)
  8.2.1 均匀半空间的电磁场响应特征 ·· (166)
  8.2.2 层状介质的大地电磁响应特征 ·· (169)
 8.3 电法勘探的反演计算 ·· (171)
  8.3.1 Bostick 法半定量反演 ·· (171)
  8.3.2 最优化反演 ·· (173)

第 9 章 地震勘探程序设计 ·· (179)

 9.1 地震波时距曲线 ·· (179)
  9.1.1 单一水平界面的地震波时距曲线 ·· (179)
  9.1.2 单一倾斜地层界面的地震波时距曲线 ·· (181)
  9.1.3 绕射波时距曲线 ·· (183)
 9.2 合成地震记录的制作 ·· (185)
  9.2.1 地震子波 ·· (185)
  9.2.2 合成地震记录 ·· (186)
 9.3 地震记录的读取与输出 ·· (190)
  9.3.1 SEG-Y 格式 ·· (190)
  9.3.2 地震记录的读取与输出 ·· (195)
 9.4 地震数据的频谱分析 ·· (197)

9.4.1 地震子波的频谱分析 ……………………………………………… (197)
9.4.2 地震记录的频谱分析 ……………………………………………… (198)
9.5 地震数据的处理 ………………………………………………………… (201)
9.5.1 二维频率-波数($f-k$)域滤波 …………………………………… (202)
9.5.2 叠后偏移成像 ……………………………………………………… (208)

第10章 地球物理测井程序设计 ……………………………………………… (216)
10.1 测井曲线的读取与显示 ………………………………………………… (216)
10.1.1 测井曲线的读取与显示 ………………………………………… (216)
10.1.2 不同频率成分的测井信息提取与显示 ………………………… (220)
10.2 测井曲线合成地震记录的制作与显示 ………………………………… (222)
10.3 测井曲线的统计图 ……………………………………………………… (223)

附录 上机实验 ……………………………………………………………………… (226)
实验一 重磁勘探程序设计 …………………………………………………… (226)
实验二 电法勘探程序设计 …………………………………………………… (227)
实验三 地震勘探程序设计 …………………………………………………… (228)
实验四 地球物理测井程序设计 ……………………………………………… (229)

参考文献 …………………………………………………………………………… (230)

第1章 绪 论

1.1 程序设计语言简介

计算机语言(Computer Language)指用于人与计算机之间通信的语言。计算机系统最大的特征是将指令通过一种语言传达给机器。为了使计算机进行各种工作、完成各种操作,需要有一套用以编写计算机程序的数字、字符和语法规则,由这些字符和语法规则组成计算机各种指令(或各种语句),这些就是计算机能接受的语言。

1.1.1 计算机语言分类

计算机语言的种类非常多,总的来说可分为机器语言、汇编语言和高级语言三大类。计算机每执行一次动作、一个步骤,都遵循用计算机语言编好的程序。程序即计算机要执行的指令的集合。所以,要控制计算机,让计算机执行某项操作,就一定要通过计算机语言向计算机发出指令。

1. 机器语言

机器语言是第一代计算机语言,是指一台计算机全部的指令集合。在机器语言中,计算机所使用的是由"0"和"1"组成的二进制数,二进制是计算机语言的基础。计算机发明之初,人们只能用一串串由"0"和"1"组成的指令序列交由计算机执行,这种计算机能够认识的语言就是机器语言。使用机器语言"十分痛苦",特别是在程序有错需要修改时,更是如此。

利用机器语言编写的程序就是一个个的二进制文件。一条机器语言成为一条指令,指令是不可分割的最小功能单元。并且,由于每台计算机的指令系统往往各不相同,所以,在一台计算机上执行的程序要想在另一台计算机上执行,必须另编程序,这就造成了重复工作。但由于使用的是针对特定型号计算机的语言,故而运算效率是所有语言中最高的。

2. 汇编语言

为了减轻使用机器语言编程的痛苦,人们进行了一种有益的改进,例如用一些简洁的英文字母、符号串来替代一个特定指令的二进制串,比如用"ADD"代表加法,"MOV"代表数据传递等,这样一来,人们很容易读懂并理解程序在干什么,纠错及维护都变得方便了,这种程序设计语言就称为汇编语言,即第二代计算机语言。然而计算机并不认识这些符号,这就需要一个专门的程序,专门负责将这些符号翻译成二进制数的机器语言,这种翻译程序被称为汇编程序。

汇编语言同样十分依赖于机器硬件,移植性不好,但效率仍十分高,针对计算机特定硬件而编制的汇编语言程序,能准确发挥计算机硬件的功能和特长,程序精练且质量高,所以至今仍是一种常用而强有力的软件开发工具。

汇编语言的实质和机器语言是相同的,都是直接对硬件操作,只不过指令采用了英文缩写的标识符,更容易识别和记忆。它同样需要编程人员将每一步具体的操作用命令的形式写出来。

汇编程序的每一句指令只能对应实际操作过程中的一个很细微的动作,例如移动、自增,因此,汇编源程序一般比较冗长、复杂,容易出错,而且使用汇编语言编程需要有更多的计算机专业知识,但汇编语言的优点也是显而易见的,用汇编语言所能完成的操作不是一般高级语言所能实现的,并且源程序经汇编后生成的可执行文件不仅比较小,而且执行速度很快。

3. 高级语言

高级语言主要是相对于汇编语言而言,它并不是特指某一种具体的语言。常见的计算机高级语言有:BASIC、C、C++、Pascal、FORTRAN、智能化语言(LISP、Prolog、CLIPS、OpenCyc、Fazzy)、动态语言(Python、PHP、Ruby、Lua)等。

高级语言是绝大多数编程人员的选择,和汇编语言相比,它不但将许多相关的机器指令合成为单条指令,并且去掉了与具体操作有关但与完成工作无关的细节,例如使用堆栈、寄存器等,这样就大大简化了程序中的指令。由于省略了很多细节,所以编程人员也不需要具备太多的专业知识。

高级语言所编制的程序不能直接被计算机识别,必须经过转换才能被执行,按转换方式可将它们分为两类。

(1)解释型:执行方式类似于日常生活中的"同声翻译",应用程序源代码一边由相应语言的解释器"翻译"成目标代码(机器语言),一边执行"翻译"后的目标代码,因此效率比较低,而且不能生成可独立执行的可执行文件,应用程序不能脱离对应的解释器,但这种方式比较灵活,可以动态地调整、修改应用程序。

(2)编译型:编译是指在应用源程序执行之前,就将程序源代码"翻译"成目标代码(机器语言),因此其目标程序可以脱离其语言环境独立执行,使用比较方便、效率较高。但应用程序一旦需要修改,必须先修改源代码,再重新编译生成新的目标文件(*.OBJ)才能执行,只有目标文件而没有源代码,修改很不方便。现在大多数的编程语言都是编译型的,如C++、Pascal等。

1.1.2 计算机语言简介

1. 汇编语言

汇编语言是第一种计算机语言,是计算机处理器实际运行指令的命令形式表示法,需要与处理器的底层打交道。把汇编语言翻译成真实机器码的工具叫"汇编程序"。汇编语言主要特点可概括如下。

(1)优点:最小、最快的语言。汇编高手能编写出比任何其他语言快得多的程序。

(2)缺点:难学、语法晦涩。为了保证效率,造成大量额外代码。

(3)移植性:接近零。因为这门语言是为一种单独的处理器设计的,根本没移植性可言。如果使用了某个特殊处理器的扩展功能,这种代码甚至无法移植到其他同类型的处理器上(如 AMD 的 3DNow 指令无法移植到其他奔腾系列的处理器上)。

2. Visual Basic 语言

Visual Basic(简称 VB)是 Microsoft 公司开发的一种通用的基于对象的程序设计语言,以结构化的、模块化的、面向对象的、包含协助开发环境的事件驱动为机制的可视化程序设计语言,是一种可用于微软自家产品开发的语言。

"Visual"指的是开发图形用户界面(GUI)的方法,不需编写大量代码去描述界面元素的外观和位置,而只要把预先建立的对象添加到屏幕上的一点即可。"Basic"指的是 BASIC(Beginners All-Purpose Symbolic Instruction Code)语言,一种在计算技术发展历史上应用得最为广泛的语言。

Visual Basic 源自于 BASIC 编程语言。VB 拥有图形用户界面(GUI)和快速应用程序开发(RAD)系统,可以轻易地使用 DAO(Data Access Objects,数据对象)、RDO(Remote Data Objects,远程数据对象)和 ADO(Active-X Data Objects,ActiveX 数据对象)连接数据库,或者轻松地创建 Active X 控件,用于高效生成类型安全和面向对象的应用程序。程序员可以轻松地使用 VB 提供的组件快速建立一个应用程序。总的来说,它具有如下特点。

(1)优点:整洁的编辑环境。易学、即时编译、大量可用的插件。

(2)缺点:程序很大,而且运行时需要几个巨大的运行动态连接库。虽然表单型和对话框型的程序很容易完成,但要编写好的图形程序却比较难。调用 Windows 的 API 程序非常笨拙,因为 VB 的数据结构没能很好地映射到 C 语言中。不是完全的面向对象。

(3)移植性:非常差。因为 Visual Basic 是微软的产品,自然就被局限在它们自身的平台上使用。

3. C 语言

C 语言在 20 世纪 70 年代创建,功能更强大且与 ALGOL 保持更连续的继承性,而 ALGOL 则是 COBOL 和 FORTRAN 的结构化继承者。C 语言被设计成一个比它的前辈更精巧、更简单的版本,它适于编写系统型的程序,比如操作系统。在此之前,操作系统是使用汇编语言编写的,而且不可移植。C语言是第一个使得系统型代码移植成为可能的编程语言。它的主要特点概括如下。

(1)优点:有益于编写小而快的程序;很容易与汇编语言结合;具有很高的标准化,因此其他平台上的各版本非常相似。

(2)缺点:不容易支持面向对象技术;语法有时会非常难以理解,并造成滥用。

(3)移植性:C语言的核心以及ANSI函数调用都具有移植性,但仅限于流程控制、内存管理和简单的文件处理。其他的东西都跟平台有关。比如说,为Windows和Mac开发可移植的程序,用户界面部分就需要用到与系统相关的函数调用。这一般意味着必须写两次用户界面代码,不过还好有一些库可以减轻工作量。

4. C++语言

C++语言是具有面向对象特性的C语言的继承者。面向对象编程,或称OOP(Object Oriented Programming,面向对象程序设计),是结构化编程的下一步。OOP程序由对象组成,其中的对象是数据和函数集合。有许多可用的对象库存在,这使得编程简单得只需要将一些程序如建筑材料一样堆在一起(至少理论上是这样)。比如说,有很多的GUI和数据库的库实现为对象的集合。它的主要特点概括如下。

(1)优点:组织大型程序时比C语言好得多;很好地支持面向对象机制;通用数据结构,如链表和可增长的阵列组成的库减轻了由于处理低层细节的负担。

(2)缺点:非常大而复杂;与C语言一样存在语法滥用问题;比C语言执行慢;大多数编译器没有把整个语言正确地实现。

(3)移植性:比C语言好多了,但依然不是很乐观,因为它具有与C语言相同的缺点,大多数可移植性用户界面库都使用C++对象实现。

5. Java

Java语言是由Sun公司最初设计,用于嵌入程序的可移植性"小C++"。在网页上运行小程序的想法着实吸引了不少人的目光,于是,这门语言迅速崛起。事实证明,Java不仅仅适用于在网页上内嵌动画,它还是一门极好的、完全的、能够实现软件编程的小语言。"虚拟机"机制、垃圾回收以及没有指针等,使它成为很容易实现一些操作,不易崩溃,且不会泄漏资源的可靠程序。

虽然不是C++的正式续篇,但Java从C++中借用了大量的语法。它丢弃了很多C++的复杂功能,从而形成一门紧凑而易学的语言。与C++不同,Java强制面向对象编程,要在Java里写非面向对象的程序就像要在Pascal里写"空心粉式代码"一样困难。它的主要特点如下。

(1)优点:二进制码可移植到其他平台,程序可以在网页中运行,内含的类库非常标准且极其完善,自动分配和垃圾回收避免程序中资源泄漏,网上有数量巨大的程序案例代码。

(2) 缺点:使用的是一个"虚拟机"来运行可移植的字节码而非本地机器码,程序将比真正编译要慢。有很多技术(例如"即时"编译器)大大地提高了 Java 的速度,不过速度比不过机器码方案。早期的有些功能,如 AWT 没经过慎重考虑,虽然被正式废除,但为了保持向后兼容而不得不保留。

(3) 移植性:是目前最好的,但仍未达到它本应达到的水平。低级代码具有非常高的可移植性,但是,很多 UI 及新功能在某些平台上不稳定。

6. C♯语言

C♯语言是在 Java 流行起来后诞生的一种新的程序开发语言,它是一种精确、简单、类型安全、面向对象的语言,是.net 的代表性语言。

C♯的特点包括:①完全面向对象;②支持分布式;③自动管理内存机制;④安全性和可移植性高;⑤指针的受限使用;⑥多线程。和 Java 类似,C♯可以由一个主进程分出多个执行小系统的多线程。

7. Pascal 语言

Pascal 语言是由 Nicolas Wirth 在 20 世纪 70 年代早期设计的,因为它对于 FORTRAN 和 COBOL 没有强制训练学生的结构化编程感到很失望,"空心粉式代码"变成了规范。Pascal 被设计成强行使用结构化编程。最初的 Pascal 被严格设计成教学之用,最终,大量的拥护者促使它闯入了商业编程中。当 Borland 发布 IBM PC 上的 Turbo Pascal 时,Pascal 辉煌一时,集成的编辑器,闪电般的编译器,加上低廉的价格使之变得很流行,Pascal 成为了为 MS-DOS 编写小程序的首选语言。然而时日不久,C 编译器发展更快,并具有优秀的内置编辑器和调试器。Pascal 在 1990 年 Windows 开始流行时走到了尽头,Borland 放弃了 Pascal 而把目光转向了为 Windows 编写程序的 C++。Turbo Pascal 因此很快被人遗忘。

基本上,Pascal 语言比 C 语言简单。虽然语法类似,但它缺乏很多 C 语言拥有的简洁操作符。这既是好事又是坏事。虽然很难写出难以理解的"聪明"代码,但它同时也使得一些低级操作,如位操作变得困难起来。它的特点概括如下。

(1) 优点:易学。与平台相关的运行(Dephi)非常好。

(2) 缺点:面向对象的 Pascal 继承者(Modula、Oberon)尚未成功。语言标准不被编译器开发者认同。

(3) 移植性:很差。语言的功能由于平台的转变而转变,没有移植性工具包来处理平台相关的功能。

1.2 MATLAB 简介

1.2.1 MATLAB 概况

MATLAB 是美国 Math Works 公司推出的商业数学软件,是矩阵实验室(Matrix Laboratory)的简称。它主要面向科学计算、可视化以及交互式程序设计的高科技计算环境,将数值分析、矩阵计算、科学数据可视化以及非线性动态系统的建模和仿真等诸多强大功能集成在一个易于使用的视窗环境中。MATLAB 为科学研究、工程设计以及必须进行有效数值计算的众多科学领域提供了一种全面的解决方案,可应用于工程计算、控制设计、信号处理与通信、图像处理、信号检测、金融建模设计与分析等领域,并在很大程度上摆脱了传统非交互式程序设计语言(如 C、FORTRAN)的编辑模式,代表了当今国际科学计算软件的先进水平。此外,MATLAB、Mathematica 和 Maple 并称为三大数学软件,在数学类科技应用软件中的数值计算方面首屈一指。

MATLAB 的基本数据单位是矩阵,它的指令表达式与数学、工程中常用的形式十分相似,故用 MATLAB 来解算问题要比用 C 语言、FORTRAN 语言等完成相同的事情容易得多,并且 MATLAB 也吸收了像 Maple 等软件的优点,使 MATLAB 成为一个强大的数学软件。在新的版本中也加入了对 C、FORTRAN、C++和 Java 的支持。

1.2.2 MATLAB 的发展历史

在 20 世纪 70 年代中期,Cleve Moler 博士和同事在美国国家科学基金的资助下开发了调用 EISPACK 和 LINPACK 的 FORTRAN 子程序库。EISPACK 是特征值求解的 FORTRAN 程序库,LINPACK 是解线性方程的程序库。在当时,这两个程序库代表矩阵运算的最高水平。

到 20 世纪 70 年代后期,身为美国 New Mexico 大学计算机系系主任的 Cleve Moler,在给学生讲授线性代数课程时,想教学生使用 EISPACK 和 LINPACK 程序库,但他发现学生用 FORTRAN 编写接口程序很费时间,于是他开始自己动手,利用业余时间为学生编写 EISPACK 和 LINPACK 的接口程序。Cleve Moler 给这个接口程序取名为 MATLAB,该名为矩阵(Matrix)和实验室(Laboratory)两个英文单词的前 3 个字母的组合。在以后的数年里,MATLAB 在多所大学里作为教学辅助软件使用,并作为面向大众的免费软件广为流传。

1983 年春天,Cleve Moler 到 Standford 大学讲学,MATLAB 深深地吸引了工程师 John Little。John Little 敏锐地觉察到 MATLAB 在工程领域的广阔前景。同年,他和 Cleve Moler、Steve Bangert 一起,用 C 语言开发了第二代专业版。这一代的 MATLAB 语言同时具备了数值计算和数据图示化的功能。

1984 年,Cleve Moler 和 John Little 成立了 Math Works 公司,正式把 MATLAB 推向

市场,并继续进行 MATLAB 的研究和开发。

在当今 30 多个数学类科技应用软件中,就软件数学处理的原始内核而言,可分为两大类。一类是数值计算型软件,如 MATLAB、Xmath、Gauss 等,这类软件优势在于数值计算,对处理大批数据效率高;另一类是数学分析型软件,如 Mathematica、Maple 等,这类软件以符号计算见长,能给出解析解和任意精确解,其缺点是处理大量数据时效率较低。Math Works 公司顺应多功能需求的潮流,在其卓越数值计算和图形处理能力的基础上,又率先在专业水平上开拓了其符号计算、文字处理、可视化建模和实时控制功能,开发了适合多学科、多部门要求的新一代科技应用软件 MATLAB。经过多年的国际竞争,MATLAB 已经占据了数值软件市场的主导地位。

在 MATLAB 进入市场前,国际上的许多软件包都是直接以 FORTRAN、C 语言等编程语言开发的。这种软件的缺点是使用面窄、接口简陋、程序结构不开放以及没有标准的基库,很难适应各学科的最新发展,因而很难推广。MATLAB 的出现,为各国科学家开发学科软件提供了新的基础。在 MATLAB 问世后不久的 20 世纪 80 年代中期,原先控制领域里的一些软件包纷纷被淘汰或在 MATLAB 上重建。

Math Works 公司 1993 年推出了 MATLAB 4.0 版,1995 年推出 MATLAB 4.2C 版 (for win 3.X),1997 年推出 MATLAB 5.0 版,1999 年推出 MATLAB 5.3 版。MATLAB 5.X 较 MATLAB 4.X 无论是界面还是内容都有长足的进展,它帮助信息采用超文本格式和 PDF 格式,在 Netscape 3.0 或 IE 4.0 及以上版本,以及 Acrobat Reader 中都可以方便地浏览。

时至今日,经过 Math Works 公司的不断完善,MATLAB 已经发展成为适合多学科、多种工作平台且功能强大的大型软件。在国外,MATLAB 已经受了多年的考验。在欧美等高校,MATLAB 已经成为线性代数、自动控制理论、数理统计、数字信号处理、时间序列分析、动态系统仿真等高级课程的基本教学工具;成为攻读学位的大学生、硕士生、博士生必须掌握的基本技能。在设计研究单位和工业部门,MATLAB 被广泛用于科学研究和解决各种具体问题。在国内,特别是工程界,MATLAB 逐渐盛行起来。可以说,无论从事工程方面的哪个学科,都能在 MATLAB 里找到合适的功能。

1.2.3 MATLAB 的语言特点

一种计算机语言之所以能如此迅速地普及,显示出如此旺盛的生命力,是由于它有着不同于其他语言的特点,正如同 FORTRAN 和 C 等高级语言使人们摆脱了需要直接对计算机硬件资源进行操作一样,被称为第四代计算机语言的 MATLAB,利用其丰富的函数资源,将编程人员从繁琐的程序代码中解放出来。MATLAB 最突出的特点就是简洁,用更直观的、符合人们思维习惯的代码,代替了 FORTRAN 和 C 语言的冗长代码。以下简单介绍一下 MATLAB 的主要特点。

(1)语言简洁紧凑,使用方便灵活,库函数极其丰富。MATLAB 程序书写形式自由,利用丰富的库函数避开繁杂的子程序编程任务,压缩了一切不必要的编程工作。由于库函数都由本领域的专家编写，用户不必担心函数的可靠性。可以说，用 MATLAB 进行科技开发是站在专家的肩膀上。

（2）运算符丰富。由于 MATLAB 是用 C 语言编写开发的，MATLAB 提供了和 C 语言几乎一样多的运算符，灵活使用 MATLAB 的运算符将使程序变得极为简短。

（3）MATLAB 既具有结构化的控制语句（如 for 循环、while 循环、break 语句和 if 语句），又有面向对象编程的特性。

（4）程序限制不严格，程序设计自由度大。例如，在 MATLAB 里，用户无需对矩阵预定义就可使用。

（5）程序的可移植性很好，基本上不做修改就可以在各种型号的计算机和操作系统上运行。

（6）MATLAB 的图形功能强大。在 FORTRAN 和 C 语言里，绘图都很不容易，但在 MATLAB 里，数据的可视化非常简单。MATLAB 还具有较强的编辑图形界面的能力。

（7）功能强大的工具箱是 MATLAB 的另一特色。MATLAB 包含两个部分：核心部分和各种可选的工具箱。核心部分中有数百个内部函数。其工具箱又分为两类：功能性工具箱和学科性工具箱。功能性工具箱主要用来扩充其符号计算功能、图示建模仿真功能、文字处理功能以及与硬件实时交互功能，功能性工具箱用于多种学科；而学科性工具箱是专业性比较强的，如 control toolbox、signal processing toolbox、communication toolbox 等，这些工具箱都是由该领域内学术水平很高的专家编写，所以用户无需编写自己学科范围内的基础程序，直接进行高、精、尖的研究。

（8）源程序的开放性。开放性也许是 MATLAB 最受人们欢迎的特点。除内部函数以外，所有 MATLAB 的核心文件和工具箱文件都是可读可改的源文件，用户可通过对源文件的修改以及加入自己的文件构成新的工具箱。

1.3 地球物理程序设计语言的选择

不难看出，计算机编程语言各种各样，各有特点，不仅有像 C/C++、Java 这类广泛应用于各行各业的编程语言，还有像 FORTRAN 这类适用于数值计算的语言，那为什么要选择MATALB 来完成地球物理程序设计呢？

C 语言缺少嵌入式的复数表达形式，这一点在地球物理程序设计中很致命；FORTRAN语言缺少一些 C 语言具备的结构、指针和动态内存分配的功能。而 MATALB 的出现颠覆了传统的科学计算，它是一种新的面向矢量的编程语言，以矩阵运算为基础且具有大量的数学工具、函数库，提供一种交互式编程和调试环境，并内置多种图形操作和处理功能，这几点正是地球物理程序设计所需求的。

具有 FORTRAN 和 C 等高级语言知识的读者可能已经注意到，如果用 FORTRAN 或C 语言去编写程序，尤其当涉及矩阵运算和画图时，编程会很麻烦。例如，如果用户想求解一个线性代数方程,就得编写一个程序块读入数据,然后再使用一种求解线性方程的算法(例如追赶法)编写一个程序块来求解方程,最后再输出计算结果。在求解过程中,最麻烦的要数第二部分。解线性方程的麻烦在于要对矩阵的元素作循环,选择稳定的算法以及代码的调试都不容易。即使有部分源代码,用户也会感到麻烦,且不能保证运算的稳定性。解线性方程的程序用 FORTRAN 和 C 这样的高级语言编写,至少需要 400 多行,调试这种几百行的计算程序可以说很困难。但如果采用 MATLAB 编写程序会怎么样呢?

例如,采用 MATLAB 编程求解下列方程,并求解矩阵 A 的特征值。

$Ax=b$,其中:

```
A= 32   13   45   67
   23   79   85   12
   43   23   54   65
   98   34   71   35
b= 1
   2
   3
   4
```

解为:$x=A\backslash b$;设 A 的特征值组成的向量 e,$e=\mathrm{eig}(A)$。

又如,利用 MATLAB 求解矩阵的转置,直接用"$A=B'$",远比下面的结构来得简单:

```
do i=1,n
    do j=1,m
        A(i,j)=B(j,i)
    end do
end do
```

可见,MATLAB 的程序极其简短,更难能可贵的是,MATLAB 甚至具有一定的智能水平,比如上面的解方程,MATLAB 会根据矩阵的特性选择方程的求解方法,所以用户根本不用怀疑 MATLAB 的准确性。

但许多读者指出 FORTRAN 和 C 语言运算更为高效,更适合于密集型、多任务的数学计算。这种观点存在一定的局限性,现代程序设计已经不是单纯地只强调运算效率,而应从整个程序设计中各个环节的效率来考虑问题。从上面的例子可以看出,自由的语法,交互的简洁语言,多种复杂图形的绘制功能,预置数学工具箱、函数库,人性化的调试功能,这些无疑都使得 MATLAB 在整个程序设计的周期里表现得更为高效、便捷。并且,通过程序的优化,同样能使得 MATLAB 具备高效的运算效率。

当然,MATLAB 也存在缺点和不足,它和其他高级程序相比,程序的执行速度较慢。由于 MATLAB 的程序不用编译等预处理,也不生成可执行文件,程序为解释执行,所以速度较慢。

综上所述,鉴于 MATLAB 以上的语言特点,结合地球物理程序设计课程的目的,本书选用 MATLAB 作为地球物理程序设计与应用的主要开发工具。

第 2 章　MATLAB 程序设计基础

本章主要介绍 MATLAB 程序设计的基础内容，分为两部分。第一部分主要介绍程序语言的基础，包括数据类型、基本数据对象——矩阵的相关运算、处理以及数据的运算；第二部分主要针对程序设计的基础——M 文件进行介绍，包括 M 文件的类型、编写方法和要点以及程序的控制、调试和优化等。通过本章的学习，读者能够熟悉 MATLAB 软件的基本属性，掌握 MATLAB 程序设计的理论基础。

2.1　矩阵及其运算

2.1.1　变量及其操作

1. 变量定义

MATLAB 跟其他程序语言一样，变量是它的基本要素，而且也有自己的一套变量命名规则。MATLAB 语言并不要求事先对所使用的变量进行声明，也不需要指定变量的类型，MATLAB 会自动根据所赋予变量的值或对变量所进行的操作来识别变量的数据类型。如果在赋值中所要赋值的变量已经存在，则 MATLAB 会默认将新值代替旧值，并以新值的数据类型代替旧值的数据类型。同时，MATLAB 的变量名必须是一个单一的词，不能包含空格，MATLAB 变量命名规则参见表 2-1。

表 2-1　变量命名规则

变量命名规则	注释与示例
变量名有大小写区分	Price、price、priCe、PRICE 都是不同的变量名
变量名最多能包含 31 个字符，其后的字符都被忽略	WhatisyournamehaoareyouthankyoUkou，"U"后面的字符会被省略
变量名必须以一个字母开始，其后可以是限定条件内的任意数量的字母、数字或者下画线，但不允许出现标点符号，因为很多标点符号在 MATLAB 中有特殊意义	u_h、elements_3、E123456、w_u_i_o 是有效的变量名，2_hao 是无效的变量名，a2_hao 是有效的变量名

在 MATLAB 中,变量名字符串的长度几乎可以任意长,但是只有前面的 31 个字符起作用,也就是说,50 个字符的字符串是合法的变量名,但是如果两个变量的前面 31 个字符全部相同,那么 MATLAB 就无法区分这两个变量了。

除此之外,MATLAB 有一些关键保留字不能作为变量名,如 for、end、if、while、function、return、else if、case、otherwise、switch、continue、else、try、catch、global、persistent、break。若用户不小心用这些保留字作为变量名,MATLAB 会发出一条错误信息。

2. 赋值管理

MATLAB 赋值语句有两种格式:
(1)变量=表达式;
(2)表达式。

其中表达式是用运算符将有关运算量连接起来的式子,其结果是一个矩阵。在第一种语句形式下,MATLAB 将右边表达式的值赋给左边的变量,而在第二种语句形式下,将表达式的值赋给 MATLAB 的预定义变量 ans。

一般来说,运算结果在命令窗口中显示出来。如果在语句的最后加分号,那么 MATLAB 仅仅执行赋值操作,不再显示运算的结果。如果运算的结果是一个很大的矩阵或根本不需要运算结果,则可以在语句的最后加上分号。

在 MATLAB 语句后面可以加上注释,用于解释或说明语句的含义,对语句处理结果不产生任何影响。注释以 "%" 开头,后面接注释的内容。

例 2-1 计算表达式的值,并将结果赋给变量 x,然后显示结果。

在 MATLAB 命令窗口输入命令:

```
x = (8 + sin(45 * 180 /pi))/(3 + 4i)
```

其中 pi 和 i 都是 MATLAB 的预定义变量,分别代表圆周率和虚数单位。

输出结果为:

```
x =
   1.0567 - 1.4090i
```

3. 预定义变量

MATLAB 提供了一些有特殊意义的变量即预定义变量,参见表 2-2。

表 2-2 MATLAB 预定义变量

预定义变量	描述
ans	结果的默认变量名
beep	使计算机发出"嘟嘟"声
pi	圆周率

续表 2-2

预定义变量	描述
eps	浮点数相对误差限
inf	无穷大
NaN 或 nan	不定数，即结果不能确定
i 或 j	表示虚数
nargin	函数输入参数个数
nargout	函数输出参数个数
realmin	最小正浮点数值
realmax	最大正浮点数值
bitmax	最大正整数
varargin	可变的函数输入参数个数
vararout	可变的函数输出参数个数

在 MATLAB 编程时，定义变量应尽量不要与预定义变量名重复，以免改变这些预定义变量的值，如果不小心定义变量与预定义变量同名，改变了某个预定义变量的值时，它原来特定的值就被丢掉了。为了恢复它原来特定的值，有两种途径，一是重新启动 MATLAB 系统，二是只需对被覆盖的值执行 clear 命令就可以了。代码如下。

```
eps
ans =
  2.2204e-016
eps=1
eps =
    1
clear eps
eps
ans =
  2.2204e-016
```

2.1.2 数据类型

1. 数值数据

MATLAB 系统对数值型数据提供以下几种基本数学运算：加法（＋）、减法（－）、乘法（＊）、除法（/或\）、乘方（^），还包括点运算，点乘(.＊)、点除(./ 或 .\)、点乘方(.^)。在一个给定的表达式中，这些运算的优先级与常用的优先级约定是一样的，即表达式按从左到右的顺序来计算,指数的优先级最高;乘除次之,但乘法和除法有相同的优先级;加减法的优先级最低,但加法和减法的优先级相同。括号可以改变优先级顺序,在表达式有括号的情况下,上述优先级顺序在每个括号内适用,括号从最里边的一层逐渐向外扩展。

几乎在所有的情况下,MATLAB 中的数值都是用双精度来表示的,这些双精度数值在MATLAB 系统内部是用二进制来表示的。正因为这种表达式,使得并不是所有的实数都能被精确表示,对能够表示的值也有一个限制,并且存在一个浮点相对误差限,也就是说,MATLAB 认为两个数不等,这两个数之间有最小差值。

MATLAB 中有限精度的局限有时会产生非常奇怪的结果。如下程序表明加法并不是绝对满足交换律。

```
format long
0.07+0.01-0.08
ans =
     0
0.07-0.08+0.01
ans =
    5.204170427930421e-018
0.01-0.08+0.07
ans =
     0
```

有限精度带来的后果除了不能精确地表示函数的参数外,大多数函数本身也无法被精确地表示。

```
tan(0)
ans =
     0
tan(pi)
ans =
   -1.224646799147353e-016
```

通过上面的程序,可以看到一个非常有趣的现象,就是这些程序中出现的误差都小于 eps。

MATLAB 也用双精度浮点数来表示整数。在这种表示方式下,所有的整数都能被精确表示。整数所能表示的上下限分别为 bitmax,-bitmax。

```
bitmax
ans =
    9.007199254740991e+015
```

MATLAB 功能最强大的特性之一就是它在处理复数的时候,不需要任何其他操作,在MATLAB 中,以 i 或者 j 来表示虚部。

```
format short
2+4i
```

```
ans =
    2.0000 + 4.0000i
2+4*j
ans =
    2.0000 + 4.0000i
2+cos(pi)*i
ans =
    2.0000 - 1.0000i
```

有一点需要注意的是,数字与字符 i 和 j 可以直接连接,也就是说,可以省略中间的乘号,但是表达式则不可以,若省略乘号则 MATLAB 会报错。

复数之间的运算同实数的运算在写法上是完全一致的,并不需要特殊的处理,复数运算的结果仍然是复数。另外,复数的相关函数有 real、image、conj、abs 及 angle,它们分别用来求得一个复数的实部、虚部、共轭、模长,以及复数矢量的夹角(夹角是用弧度来表示的)。

```
c=2+i+2j
c =
    2.0000 + 3.0000i
conj(c),abs(c),angle(c)
ans =
    2.0000 - 3.0000i
ans =
    3.6056
ans =
    0.9828
```

MATLAB 语言显示数值结果时,在默认情况下,若数据为整数,则以整数来表示;若数据是实数,则以保留小数点后 4 位的精度近似表示。如果结果的有效数字超出了这个范围,MATLAB 就用类似于计算机中的科学计数法显示结果。在这里以特殊预定义变量 pi 为例,给出 MATLAB 系统的数据显示格式,参见表 2-3。

表 2-3 数据显示格式

命令	pi	描述
format short	3.1416	5 位
format long	3.14159265358979	15 位
format short e	3.1416e+000	5 位+指数
format long e	3.14159265358979e+000	15 位+指数
format short g	3.1416	短紧缩格式
format long g	3.14159265358979	长紧缩格式
format hex	400921fb54442d18	十六进制,浮点

续表 2-3

命令	pi	描述
format bank	3.14	2 位小数
format rat	355/13	有理数近似
format debug	sturcture address = 5dc12e60 m = 1 n = 1 pr = 1403a2d0 pi = 0 3.1416	除了 short g 信息之外,其他为内部存储信息

用户可以在提示符下键入相应的 format 命令来指定数值显示格式。这里特别需要注意的是,在选择不同的显示格式的时候,MATLAB 系统并没有改变数值的内部存储方式,而只改变了显示方式而已,所有的内部计算仍然是按双精度计算的。

2. 字符数据

MATLAB 系统不仅提供强大的数值处理能力,还拥有丰富的字符串处理功能。一个字符串就是用单引号括起来的简单文本。如果对变量赋字符串时未用单引号括起来,则 MATLAB 会报错。在 MATLAB 中,字符串是特殊的 ASCII 数值型数组,显示出来的就是它的字符串表达式,在后面还将看到,MATLAB 系统中对数值数组的一系列操作,对字符串也是适用的,后面将会对数组作详细的介绍。

```
s='hello,world!'
s =
hello,world!
```

查看一个字符串的底层 ASCII 表示,用户只需要对这个字符串进行某项数学运算或者用函数 double 就可以了。

```
asi=double(s)
asi =
  Columns 1 through 11
   104  101  108  108  111   44  119  111  114  108  100
  Column 12
    33
```

函数 char 执行与 double 相反的操作。

```
char(asi)
ans =
hello,world!
```

当把一个负值转换成一个字符的时候,MATLAB 就会给出一条警告消息。大于 255 的数,在对 256 取模后,再转换成字符,也就是说先计算 rem(n,256),再进行转换。字符串中的单引号使用两个连续的单引号表示。

```
s='I''m happy!'
s =
I'm happy!
```

MATLAB 语言也提供了丰富的字符串处理函数,函数 disp 允许显示一个字符串而不用输出这个字符串变量的变量名。

```
disp(s)
I'm happy!
```

在很多情况下,需要把一个数值型结果转换成一个字符串,或者把一个字符串转换成数值型数据。MATLAB 提供了函数 int2str、num2str、mat2str、sprintf、fprintf,可把数值型结果转换成字符串。

```
s=num2str(ones(1,2))    %将数组转换为字符串
s =
1  1

s=mat2str(ones(1,2))    %将矩阵转换为字符串
s =
[1 1]

r=3;
s=sprintf('一个半径为%.1f的圆的面积为%.8f',r,pi*r^2)
s =
一个半径为 3.0 的圆的面积为 28.27433388
```

函数 sprintf 将一个固定格式的数据转换成字符串,其不同的格式有以下几种:格式指定符 e 表示指数表达式,f 表示固定小数位数表达式,g 表示使用 e 或者 f,且哪个表达式更短就用哪个。对 e 和 f 格式而言,小数点右边的数字表示在小数点后要显示几位小数。而针对 g 格式而言,小数点前面的数字指示显示字符串的总长度,小数点后面的数字表示数值显示的总位数,若小数点后面的数字大于前面的数字时忽略前面指定的长度。

与函数 sprintf 相对应,函数 sscanf 根据格式控制符从一个字符串中读取数据,其一般格式如下:

sscanf(s,format)或 sscanf(s,format,size)

第一种形式的功能就是按指定格式 format 从字符串 s 中读取数据,第二种形式的功能就是按指定格式 format 从字符串 s 中读取 size 个数据,如果 s 中数据个数少于 size 个,则直到读完所有的数据为止。format 格式有%s 字符串,%d 十进制整数,%e、%f、%g 浮点数,%i 有符号十进制数,%o 有符号八进制数,%u 有符号十进制数,%x 有符号十六进制数。

```
v=version
v =
7.7.0.471 (R2008b)
sscanf(v,'%f')
ans =
    7.7000
         0
    0.4710
sscanf(v,'%f',2)
ans =
    7.7000
         0
sscanf(v,'%d')
ans =
    7
```

MATLAB提供了多种与字符串有关的处理函数,参见表2-4。

表2-4 字符串处理函数

MATLAB函数	描述
char(S1,S2,…)	利用现有的字符串或者单元数组创建字符数组
double(S)	将一个字符串转换成ASCII码形式
cellstr(S)	利用字符串数组创建字符串单元数组
blanks(n)	生成长度为 n 的空字符串
deblanks(n)	删除尾部的空格
eval(S)、evalc(S)	求字符串表达式的值
ischar(S)	如果是字符数组,就返回true
iscellstr(S)	如果是字符串单元数组,就返回true
isletter(S)	如果是字母,就返回true
isspace(S)	如果是空格,就返回true
strcat(S1,S2,…)	将字符串进行水平方向的连接
strvat(S1,S2,…)	将字符串进行垂直方向的连接,忽略空格
strcmp(S1,S2)	如果两个字符串相同,就返回true
strncmp(S1,S2,n)	如果两个字符串的前 n 个字符相同,就返回true
strcmpi(S1,S2)	如果两个字符串相同,就返回true,忽略大小写
strncmpi(S1,S2,n)	如果两个字符串的前 n 个字符相同,就返回true,忽略大小写
findstr(S1,type)	在一个字符串中查找另一个字符串

续表 2-4

MATLAB 函数	描述
strjust(S1,S2)	将一个字符串数组调整为左对齐、右对齐或居中
strmatch(S1,S2)	查找符合要求的字符串的下标
strrep(S1,S2,S3)	将字符串 S1 中出现的 S2 用 S3 代替
strtok(S1,D)	查找某个字符串最新出现的位置
upper(S)	将一个字符串转换成大写
lower(S)	将一个字符串转换成小写
num2str(X)	将数字转换成字符串
int2str(k)	将整数转换成字符串
mat2str(X)	将矩阵转换成字符串供 eval 使用
str2double(S)	将字符串转换成双精度值
str2num(S)	将字符串数组转换成数值数组
sprint(S)	创建由格式控制指定的字符串
sscanf(S)	按照格式控制指定的格式读取字符串

3. 逻辑数据类型

MATLAB 把所有的非 0 数值当作"true",而把 0 当作"false",在所有关系和逻辑表达式中,如果是真就返回逻辑数组 1,如果是假,就返回逻辑数组 0。

除了传统的算术运算外,MATLAB 还支持关系和逻辑运算。这项功能一个很重要的作用就是根据真/假问题的结果来控制 MATLAB 的指令序列的执行流程,或者说是执行顺序。MATLAB 的关系运算符包括所有常用的比较运算符,参见表 2-5。

逻辑运算符提供了将多个关系运算表达式组合在一起,或者对关系表达式取反的方法,参见表 2-6。

表 2-5 关系运算符

关系运算符	描述
<	小于
<=	小于等于
>	大于
>=	大于等于
==	等于(请注意与赋值符号的区别)
~=	不等于

表 2-6 逻辑运算符

逻辑运算符	描述
&	逻辑与
|	逻辑或
~	逻辑非

加上前面介绍的算术运算符,这 3 种运算符中,算术运算符的优先级最高,关系运算符的优先级次之,而逻辑运算符的优先级最低。在实际应用中,可以通过圆括号来调整运算过程的次序。

4. 单元数组和结构体

单元数组的结构体数据丰富了 MATLAB 语言的功能。其中,单元数组使不同类型和不同维数的数组可以共存,类似的,结构体数据也使不尽相同的数组可以组合在一起,不同的是结构体的数据在调用过程中是以指针的形式来完成的。

单元数组是以元素为单位的 MATLAB 数组,在单元数组中的每个单元都可以包含任何的 MATLAB 数据类型。从本质上来讲,单元数组实际上可以认为是一种以任意形式的数组为分量的对维数组。单元数组的定义可以用两种方法来实现,一是通过赋值语句,二是调用 cell 函数预先分配数组来创建单元数组,然后给每个单元赋值。有一点需要注意的是,如果用户将一个单元赋值给一个现存的非单元类型的变量,MATLAB 就会停止运行并报错。

像其他类型的数组一样,单元数组可以通过逐次给各个单元赋值的方式来创建。在直接赋值过程中,与矩阵在定义时使用中括号不同,单元变量在定义时需要使用花括号。花括号对于单元数组而言起着非常重要的作用,逗号用来分隔列,分号用来分隔行。

另外,单元数组变量的元素不是以指针形式来保存的,即如果改变其元素原变量,并不影响该单元数组变量的值。单元数组变量与矩阵的另一个重要的区别是单元数组变量本身可以嵌套,也就是说,单元数组变量的元素还可以是单元数组,但一般来说,矩阵的元素是不能为矩阵的。

MATLAB 语言有很多处理单元数组变量的函数,参见表 2-7。

表 2-7 单元数组函数

单元数组函数名	描述
cell	生成单元数组变量
cellfun	对单元数组变量中的元素作用的函数
celldisp	显示单元数组变量的内容
cellplot	用图形显示单元数组变量的内容
num2cell	将数值数组转换成单元数组变量
deal	输入或输出处理
cell2struct	将单元数组变量转换成结构体变量
struct2cell	将结构体变量转换成单元数组变量
iscell	判断是否是单元数组变量
reshape	改变单元数组变量的结构

列举一个单元数组函数实例。
```
iscell(s)
ans =
     0
```
结构体允许用户将相异的数据集用一个单一的变量来组织,在这一点上它类似单元数组。但是,结构体是用被称为域的名字来对结构体元素进行寻址的,而不是通过数字进行元素寻址的。单元数组用花括号来访问数据,但结构体用点号的形式来访问域中的数据,创建一个结构体就像给单独的域赋值一样简单。如下给出了一个结构体的创建实例。
```
student.name='Li Ming';
student.age=20;
student.gender='male';
student.phone=335678
student =
      name: 'Li Ming'
      age: 20
      gender: 'male'
      phone: 335678
size(student)
ans =
     1    1
whos
  Name        Size          Bytes    Class        Attributes

  ans         1×2           16       double
  asi         1×12          96       double
  c           1×1           16       double       complex
  r           1×1           8        double
  s           1×25          50       char
  student     1×1           742      struct
  v           1×18          36       char
```
MATLAB语言为定义结构体变量提供了函数 struct,其调用格式如下:

   结构体变量名＝struct(属性名1,属性值1,属性名2,属性值2,…)

使用该函数可以定义结构体变量的各个属性,并相应地赋以属性值。MATLAB为处理结构体提供了许多函数,参见表2-8。

表 2-8 结构体函数

结构体函数名	描述
struct	创建或者转换结构体变量
fieldname	得到结构体变量的属性名
getfield	得到结构体变量的属性值
setfield	设置结构体变量的属性值
rmfield	删除结构体变量的属性值
isfield	判断是否是结构体变量的属性
isstruct	判断变量是否是结构体变量

2.1.3 矩阵创建与拆分

1. 向量的创建

1) 直接输入向量

创建向量最直接的方法就是在命令窗口中按一定格式直接输入。输入的格式要求是将向量元素用"[ ]"括起来,元素之间用空格、逗号或分号分隔。需要注意的是,用不同分隔形式创建的向量也不同:用空格或逗号创建行向量中的元素,用分号创建列向量中的元素。

2) 利用冒号表达式创建向量

冒号(:)创建法其基本格式为 Vec=Vec0:n:Vecn,其中 Vec 表示创建的向量,Vec0 表示第一个元素,n 代表步长,Vecn 表示最后一个元素。如下是一个利用冒号表达式创建向量的实例。

```
a=2:3:12
a =
     2     5     8    11
a=1:5
a =
     1     2     3     4     5
```

3) 线性等分向量的创建

使用 linspace() 函数可创建一个线性等分向量,其基本调用格式为:
$$Vec = linspace(Vec0, Vecn, n)$$
其中,Vec 表示创建的向量,Vec0 表示第一个元素,Vecn 表示最后一个元素,n 表示创建向量元素的个数。当 n 取系统默认值时,为 100。下面给出了一个等差元素向量的创建实例。

```
a=1:1:5
a =
     1     2     3     4     5
```

```
a=5:-1:1
a =
    5    4    3    2    1
```

4) 对数等分向量的创建

使用 logspace() 函数可创建一个对数等分向量,其基本调用格式为:
$$z = \text{logspace}(x,y,n)$$
上式表示创建 n 维对数等分向量,使得 $z(1)=10^x$,$z(n)=10^y$。如下给出了一个对数等分向量的创建实例。

```
logspace(2,4,5)
ans =
   1.0e+004 *
    0.0100    0.0316    0.1000    0.3162    1.0000
```

2. 矩阵的创建

在 MATLAB 语言中,矩阵与数组的输入形式和书写方法是相同的,其区别在于进行运算时,数组的运算是数组中对应元素的运算,而矩阵运算则应符合矩阵运算的规则。在数值运算中使用的矩阵必须赋值,矩阵的简单输入可以采用直接赋值和增量赋值两种方法。

1) 赋值法

元素较少的简单矩阵可以在 MATLAB 命令窗口中以命令行的方式直接输入。矩阵的输入必须以方括号"[ ]"作为其开始与结束标志,矩阵的行与行之间要用分号";"或按 Enter 键分开,矩阵的元素之间要用逗号","或空格分隔。矩阵的大小可以不必预先定义,且矩阵元素的值可以用表达式表示。

```
a=[1,2,3;4,5,6;7,8,9]
a =
    1    2    3
    4    5    6
    7    8    9
```

MATLAB 语言的变量名称字符区分大小写,字符 a 与 A 分别为独立的矩阵变量名。如果在 MATLAB 语言命令行的最后加上分号,则在命令窗口中不会显示输入命令所得到的结果。

MATLAB 提供对复数的操作与管理功能。在 MATLAB 中,虚数单位用 i 或 j 表示。如 $4-5i$ 与 $4-5j$ 表示的是同一个复数,也可以写成 $4-5*i$ 或 $4-5*j$,这里将 i 或 j 看作一个运算量参与表达式的运算。

```
a=exp(3)
a =
   20.0855
b= [1,4-5*i*a,a*sqrt(a);sin(pi*a),a/4,3.5-a;a,a^2,2*a]
```

```
b =
  1.0e+002 *
    0.0100           0.0400 - 1.0043i    0.9002
    0.0027           0.0502             -0.1659
    0.2009           4.0343              0.4017
```

复数矩阵还可以采用另一种输入方式。

```
R=[1 2 3;4 5 6];
I=[8 9 10;11 12 13];
a= R*i+I
a =
   8.0000 + 1.0000i    9.0000 + 2.0000i   10.0000 + 3.0000i
  11.0000 + 4.0000i   12.0000 + 5.0000i   13.0000 + 6.0000i
```

2）建立大矩阵

大矩阵可以由括号中的小矩阵来建立。

```
a=[1 2 3;4 5 6;7 8 9];
b=[a,eye(size(a));zeros(size(a)),a']
b =
   1   2   3   1   0   0
   4   5   6   0   1   0
   7   8   9   0   0   1
   0   0   0   1   4   7
   0   0   0   2   5   8
   0   0   0   3   6   9
```

其中，eye(3)返回 3×3 单位矩阵，zeros(3)返回 3×3 全 0 矩阵。

3）增量赋值法

矩阵的输入可以使用 MATLAB 语言具有向量增量功能的增量赋值法，增量赋值法的标准格式为：

$$A = 初值：增量：终值$$

其中，冒号为分隔标识符。

```
a=1:2:7
a =
   1   3   5   7
b=[a/2;a*2;a*6]
b =
    0.5000    1.5000    2.5000    3.5000
    2.0000    6.0000   10.0000   14.0000
    6.0000   18.0000   30.0000   42.0000
```

增量赋值法对于系统仿真是非常有用的，其标准格式中如果增量项默认，则默认增量值为1,即表示 A =初值:终值。

3. 矩阵的拆分

1) 矩阵元素

MATLAB 允许用户对一个矩阵的单个元素进行赋值和操作。例如,如果想将矩阵 A 的第4行第3列的元素赋值99,则可通过下面语句来完成:

$$A(4,3)=99$$

这时将只改变该元素的值,而不影响其他元素的值。如果给出的行下标或列下标大于原来矩阵的行或列,则 MATLAB 将自动扩展原来的矩阵,并将扩展后未赋值的矩阵元素默认为0。

  a=[1 2;3 4];
  a(2,1)=99
  a =
    1 2
    99 4

在 MATLAB 中,也可采用矩阵元素的序号来引用矩阵元素。矩阵元素的序号就是相应元素在内存中的排列顺序。矩阵元素按列编号,先第一列,再第二列,依次类推。继续上述的例子。

  a(3)=30
  a =
    1 30
    99 4

显然,序号(index)与下标(subscript)是一一对应的,以 $m\times n$ 矩阵 A 为例,矩阵元素 $A(i,j)$ 的序号为 $(j-1)\times m+i$。其相互转换关系也可利用 sub2ind 和 ind2sub 函数求得。

  a=[1 2;3 4];
  sub2ind(size(a),1,2)
  ans =
    3
  [i,j]=ind2sub(size(a),2)
  i =
    2
  j =
    1

其中,size(A)函数返回包含两个元素的向量,分别是矩阵 A 的行数和列数。相关的函数有 length(A),给出行数和列数中的较大者,即 length(A) = max(size(A));ndims(A),给出 A 的维数。

reshape(A,m,n)函数在矩阵总元素保持不变的前提下,将矩阵 A 重新排成 $m\times n$ 的二维矩阵。

注意,在 MATLAB 中,矩阵元素按列存储,即首先存储矩阵的第一列元素,然后存储第二列元素,一直到矩阵的最后一列元素。reshape 函数只是改变原矩阵的行数和列数,即改变其逻辑结构,但并不改变原矩阵元素个数及其存储结构。

2) 矩阵的拆分

(1) 利用冒号表达式获得子矩阵。

$A(:,j)$ 表示取 A 矩阵的第 j 列全部元素;$A(i,:)$ 表示取 A 矩阵第 i 行的全部元素;$A(i,j)$ 表示取 A 矩阵第 i 行、第 j 列的元素。

$A(i:i+m,:)$ 表示取 A 矩阵第 $i \sim (i+m)$ 行的全部元素;$A(:,k:k+m)$ 表示取 A 矩阵第 $k \sim (k+m)$ 列的全部元素;$A(i:i+m,k:k+m)$ 表示取 A 矩阵第 $i \sim (i+m)$ 行内,并在第 $k \sim (k+m)$ 列中的所有元素。

$A(:)$ 将 A 矩阵每一列元素堆叠起来,成为一个列向量,这也是 MATLAB 变量的内部储存方式。例如:

```
a=[1,2,3;4,5,6]
a =
    1    2    3
    4    5    6
b=a(:)
b =
    1
    4
    2
    5
    3
    6
```

在这里,$A(:)$ 产生一个 6×1 的矩阵,等价于 reshape(A,6,1)。

此外,还可利用一般向量和 end 运算符来表示矩阵下标,从而获得子矩阵。end 表示某一维的末尾元素下标。

```
a=[1,3,4,5;2,3,4,6;4,3,5,8;1,9,7,6];
a(end,:)   %取 a 的最后一行元素
ans =
    1    9    7    6
a([1,3],3:end)  %取 a 的 1、3 两行中第三列到最后一列的元素
ans =
    4    5
    5    8
```

(2) 利用空矩阵删除元素。

在 MATLAB 中,定义[]为空矩阵。给变量 x 赋空矩阵的语句为 $x=[\ ]$。注意,$x=[\ ]$ 与 clear x 不同,clear 是将 x 从工作空间中清除,而空矩阵则存在于工作空间,只是维数为 0。

将某些元素从矩阵中删除,采用将其置为空矩阵就是一种有效的方法。例如:
a=[1,2;3,4;5,6;7,8]
a =
  1 2
  3 4
  5 6
  7 8
a([1,3],:)=[]
a =
  3 4
  7 8

2.1.4 矩阵的运算

1. 矩阵的算术运算

矩阵的算术运算是 MATLAB 语言的基本功能,MATLAB 对于矩阵的算术运算与线性代数中的规定方法相同。在矩阵的加、减、乘法运算的基础上,MATLAB 又增加了矩阵的除法运算。

(1)矩阵的加法和减法:运算符分别为"+"和"−",如矩阵 A 加矩阵 B 可写成 $A+B$,运算结果为 A、B 矩阵对应元素相加。

(2)矩阵的乘法:运算符为"*",如矩阵 A 与矩阵 B 相乘可写成 $A*B$。注意,这里矩阵 A 与矩阵 B 的维数满足线性代数对矩阵相乘运算的基本规定,即 A 的列数等于 B 的行数。

(3)矩阵的除法:矩阵的除法分为左除和右除,运算符号分别为"\"和"/",如矩阵 A 左除矩阵 B 可表示为 $A\backslash B$,运算结果与矩阵 A 的逆和矩阵 B 相乘的结果相同。矩阵 B 右除矩阵 C 可表示为 B/C,运算结果与矩阵 B 和矩阵 C 的逆相乘的结果相同。

(4)矩阵的乘方:矩阵乘方运算符为"^",如矩阵 A 的三次幂可写成 $A\wedge 3$,结果为 3 个 A 矩阵相乘。

(5)矩阵的转置:运算符为"'",如矩阵 A 的转置可写成 A'。如果矩阵 A 是复数矩阵,则 A' 运算结果为 A 的共轭复数矩阵。

(6)矩阵的逆运算:运算符为"inv"。

2. 矩阵的关系

MATLAB 的关系操作符包括了所有常用的比较符号,参见表 2−5。

MATLAB 的关系操作符既能用来比较两个同样大小的数组,也可用来比较一个数组和一个标量。在后一种情况下,是标量和数组中的每一个元素相比较,结果与数组大小一样。例如:
  a=1:9

```
a =
    1    2    3    4    5    6    7    8    9
b=9-a
b =
    8    7    6    5    4    3    2    1    0
tf=a>4
tf =
    0    0    0    0    1    1    1    1    1
```

其中,tf 为找出 A 中大于 4 的元素。0 出现在 A≤4 的地方,1 出现在 A>4 的地方。

3. 矩阵的逻辑运算

逻辑运算符提供了一种组合或否定关系表达式。MATLAB 逻辑运算符包括"&(与)""|(或)""~(非)"3 种。

MATLAB 在进行逻辑运算时,所有的非零元素均被默认为真,而零元素为假;在逻辑判断结果中,判断为真时输出 1、判断为假时输出 0,当标量与标量进行逻辑运算时判断输出为标量,当矩阵与矩阵进行逻辑运算时,判断输出结果为相同维数的矩阵。例如:

```
a=1:9
a =
    1    2    3    4    5    6    7    8    9
b=9-a
b =
    8    7    6    5    4    3    2    1    0
tf= a>4
tf =
    0    0    0    0    1    1    1    1    1
tf=~(a>4)
tf =
    1    1    1    1    0    0    0    0    0
```

其中 tf=a>4 是找出 a 中大于 4 的元素,tf=~(a>4)是对前面的结果取非,也就是 1 替换为 0,0 替换为 1。

2.1.5 矩阵函数及其基本操作

1. 矩阵函数

矩阵函数即矩阵元素的数学函数,包括三角函数、指数和对数函数、复数函数、截断函数以及求余函数。这些函数共同的特点为函数的运算都是针对矩阵的元素,即它们对矩阵中的每个元素都可以进行运算。

1) 三角函数

MATLAB 提供的三角函数及其功能参见表 2-9。

表 2-9 三角函数及其功能

函数	功能描述	函数	功能描述
sin	正弦计算,输入以弧度为单位	sec	正割计算,输入以弧度为单位
sind	正弦计算,输入以度为单位	secd	正割计算,输入以度为单位
sinh	双曲正弦计算,输入以弧度为单位	sech	双曲正割计算,输入以弧度为单位
asin	反正弦计算,输出以弧度为单位	asec	反正割计算,输出以弧度为单位
asinh	反双曲正弦计算,输出以弧度为单位	asecd	反正割计算,输出以度为单位
cos	余弦计算,输入以弧度为单位	asech	反双曲正割计算,输出以弧度为单位
cosd	余弦计算,输入以度为单位	csc	余割计算,输入以弧度为单位
cosh	双曲余弦计算,输入以弧度为单位	cscd	余割计算,输入以度为单位
acos	反余弦计算,输出以弧度为单位	csch	双曲余割计算,输入以弧度为单位
asind	反正弦计算,输出以度为单位	acsc	反余割计算,输出以弧度为单位
acosd	反正弦计算,输出以度为单位	acscd	反余割计算,输出以度为单位
acosh	反双曲余弦计算,输出以弧度为单位	acsch	反双曲余割计算,输出以弧度为单位
tan	正切计算,输入以弧度为单位	cot	余切计算,输入以弧度为单位
tand	正切计算,输入以度为单位	cotd	余切计算,输入以度为单位
tanh	双曲正切计算,输入以弧度为单位	coth	双曲余切计算,输入以弧度为单位
atan	反正切计算,输出以弧度为单位	acot	反余切计算,输出以弧度为单位
atand	反正切计算,输出以度为单位	acoth	反双曲余切计算,输出以弧度为单位
atan2	四象限反正切计算,输出以弧度为单位	acot	反余切计算,输出以度为单位
atanh	反双曲正切计算,输出以弧度为单位		

例 2-2 计算 0°~360°的正弦函数、余弦函数和它们平方和的值。

MATLAB 代码如下:

```
x=0:10:360;
figure(1);
squre_sum=sind(x).^2+cosd(x).^2;
plot(x,sind(x),'ro-',x,cosd(x),'g+-',x,squre_sum,'bd-');
xlabel('角度 (°)');
ylabel('函数值 ');
legend('正弦函数','余弦函数','平方和');
```

由上述语句得到的结果如图 2-1 所示。

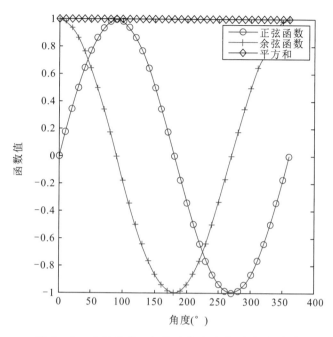

图 2-1　正弦函数、余弦函数和它们平方和的值

2) 指数和对数函数

矩阵的指数运算用 expm 函数来实现，expm(x) = $v * \text{diag}(\exp(\text{diag}(d)))/v$ (其中 x 为已知矩阵，[v,d] = eig(x))。对数运算用 logm 函数来实现，l = logm(A)，它与矩阵的指数运算互为逆运算。

例 2-3　求矩阵 X = rand(4) 的指数和对数运算。

```
X=rand(4)
X =
    0.8147    0.6324    0.9575    0.9572
    0.9058    0.0975    0.9649    0.4854
    0.1270    0.2785    0.1576    0.8003
    0.9134    0.5469    0.9706    0.1419


Y=expm(X)
Y =
    4.7204    2.4561    4.1836    3.6737
    2.9289    2.4812    3.2288    2.5767
    1.4100    1.0458    2.5691    1.8036
    3.0394    1.9091    3.3480    3.3748
```

```
A = randn(4)
A =
   -0.1241    0.6715    0.4889    0.2939
    1.4897   -1.2075    1.0347   -0.7873
    1.4090    0.7172    0.7269    0.8884
    1.4172    1.6302   -0.3034   -1.1471

B = logm(A)
B =
   -0.2681 + 2.9107i    0.3973 + 0.0976i    0.0183 - 1.0498i    0.6124 - 0.7206i
    2.4495 - 2.6866i   -0.0394 - 0.0901i    0.0858 + 0.9689i   -2.4564 + 0.6651i
   -0.3380 - 2.7933i   -0.7442 - 0.0937i    0.9301 + 1.0074i    0.6405 + 0.6916i
    0.0205 + 2.7723i    2.6928 + 0.0930i   -1.3699 - 0.9999i    1.1386 - 0.6864i
```

3) 复数函数

MATLAB 中复数函数的主要功能参见表 2-10。

表 2-10 复数函数及其功能

函数	功能描述	函数	功能描述
abs	求绝对值(复数的模)	isreal	判断是否为实数矩阵
real	求复数的实部	conj	求复数的共轭
angle	求复数的相角	cplxpair	把复数矩阵排列成为复共轭对
unwrap	调整矩阵元素的相位	imag	求复数的虚部
complex	用实部和虚部构造一个复数		

复数函数中除了 unwrap 函数和 cplxpair 函数的用法比较复杂外,其他函数都比较简单。函数 unwrap 用于对表示相位的矩阵进行校正,当矩阵相邻元素的相位差大于设定阈值(默认值为 π)时,函数 unwrap 通过 ±2π 来校正相位。

例 2-4 求复数矩阵 C 的实部、虚部、模和相角。

```
A=[1,3;2,4]-[5,8;6,9]*i
A =
   1.0000 - 5.0000i   3.0000 - 8.0000i
   2.0000 - 6.0000i   4.0000 - 9.0000i
B= [1+5*i,2+6*i;3+8*i,4+9*i];
C= A*B
C =
  1.0e+02 *
    0.9900              1.1600 - 0.0900i
```

        1.1600 + 0.0900i   1.3700
C_real=real(C)
C_real =
        99   116
       116   137
C_imag=imag(C)
C_imag =
         0   -9
         9   0
C_magnitude=abs(C)
C_magnitude =
        99.0000 116.3486
       116.3486 137.0000
C_phase=angle(C)*180/pi
C_phase =
             0   -4.4365
        4.4365   0

4）截断和求余函数

MATLAB 提供的截断和求余函数及其功能参见表 2-11。

表 2-11 截断和求余函数及其功能

函数	功能描述	函数	功能描述
fix	向零取整	cell	向正无穷方向取整
mod	除法求余（与除数同号）	round	四舍五入
floor	向负无穷方向取整	sign	符号函数
rem	除法求余（与被除数同号）		

2. 矩阵的基本操作

1）矩阵的行列式

把一个方阵看作一个行列式，并对其按行列式的规则求值，这个值就被称为矩阵所对应的行列式的值。MATLAB 提供了 det 函数用于实现求方阵所对应的行列式的值。其调用格式如下：

$$d = \det(\boldsymbol{X})$$

上式表示求方阵 $\boldsymbol{X}$ 所对应的行列式的值 d。

例如：

a=[1,2,3;5,6,7;7,8,9]

```
a =
     1     2     3
     5     6     7
     7     8     9
d=det(a)
d =
     0
```

2) 矩阵的秩与迹

a. 矩阵的秩

MATLAB 计算矩阵 **A** 的秩的函数为 rank(**A**),与秩的计算相关的函数还有 rref(**A**)、orth(**A**)、null(**A**)和广义逆矩阵 pinv(**A**)等。

利用 rref(**A**),**A** 的秩为非 0 行的个数。rref(**A**)函数是几个定秩算法中最快的一个,但结果并不可靠和完善,pinv(**A**)是基于奇异值的算法,该算法消耗时间虽多,但比较可靠;其他函数的详细用法可参见 MATLAB 帮助文档。例如:

```
a=[1,3,5,6;5,4,3,7];
r=rank(a)
r =
     2
```

b. 矩阵的迹

矩阵的迹等于矩阵的对角线元素之和,也等于矩阵的特征值之和。在 MATLAB 中,求矩阵迹的函数是 trace(**A**),且矩阵 **A** 一定要为方阵。例如:

```
a=[10,1,3,5;4,2,5,7;4,7,9,3;4,4,3,5]
a =
    10     1     3     5
     4     2     5     7
     4     7     9     3
     4     4     3     5
t=trace(a)
t =
    26
```

3) 矩阵的逆与伪逆

a. 矩阵的逆

对于一个方阵 **A**,如果存在一个与其同阶的方阵 **B**,使得:

$$\boldsymbol{A}.\boldsymbol{B}=\boldsymbol{B}.\boldsymbol{A}=\boldsymbol{I}(\boldsymbol{I} \text{ 为单位矩阵})$$

则称 **B** 为 **A** 的逆矩阵,当然,**A** 也是 **B** 的逆矩阵。

通常情况下,求一个矩阵的逆非常繁琐,容易出错,但在 MATLAB 中,求一个矩阵的逆非常容易。MATLAB 提供了 inv 函数用于实现求矩阵的逆。其调用格式如下。

$$Y=\mathrm{inv}(\boldsymbol{X})$$

其功能是求方阵 **X** 的逆矩阵 **Y**。

例 2-5 比较用 inv 函数求矩阵的逆与利用除法求解矩阵的逆的所需时间。

其实现的 MATLAB 代码如下：

```
n=499;
Q=orth(randn(n,n));
d=logspace(0,-10,n);
A=Q*diag(d)*Q';
x=randn(n,1);
B=A*x;
tic
y=inv(A)*B;
toc
Elapsed time is 24.347360 seconds.
err=norm(y-x)
err =
   4.7634e-06
res=norm(A*y-B)
res =
   3.5889e-07
tic
z=A\B;
toc
Elapsed time is 0.070508 seconds.
err=norm(z-x)
err =
   3.9350e-06
res=norm(A*z-B)
res =
   2.7412e-15
```

b. 矩阵的伪逆

如果矩阵 A 不是一个方阵，或 A 是一个非满秩的方阵时，矩阵 A 没有逆矩阵，但可以找到一个与 A 的转置矩阵 A^T 同型的矩阵 B，使得：

$A \cdot B \cdot A = A$

$B \cdot A \cdot B = B$

此时称矩阵 B 为矩阵 A 的伪逆，也称为广义逆矩阵。MATLAB 提供了 pinv 函数用于实现求矩阵的伪逆。其调用格式如下。

(1) $B = \text{pinv}(A)$：求矩阵 A 的伪逆矩阵 B。

(2) $B = \text{Dinv}(A, \text{tol})$：求矩阵 A 的伪逆矩阵 B，并给出其容差 tol。

例 2-6 试比较 pinv 函数求矩阵的伪逆与除法求矩阵伪逆的差别。

其实现的 MATLAB 代码如下：

```
A=magic(8);
A=A(:,1:6)
A =
    64     2     3    61    60     6
     9    55    54    12    13    51
    17    47    46    20    21    43
    40    26    27    37    36    30
    32    34    35    29    28    38
    41    23    22    44    45    19
    49    15    14    52    53    11
     8    58    59     5     4    62
B=260*ones(8,1)
B =
   260
   260
   260
   260
   260
   260
   260
   260
x=pinv(A)*B
x =
    1.1538
    1.4615
    1.3846
    1.3846
    1.4615
    1.1538
y=A\B
Warning: Rank deficient, rank = 3, tol= 6.657192e-14.
y =
    4.0000
    5.0000
         0
         0
         0
   -1.0000
```

4)矩阵的特征值与特征向量

对一个矩阵 A 来说,如果存在一个非零的向量 x,且有一个标量 λ 满足:

$$Ax = \lambda x$$

则称 λ 为 A 的矩阵的一个特征值,而 x 称为对应于特征值 λ 的特征向量。严格来说,应该称为 A 的右特征向量。如果矩阵 A 的特征值不包含重复的值,则对应的各个特征向量为线性无关的,这样可以由各个特征向量构成一个非奇异的矩阵。如果用此矩阵对原始矩阵作相似变换,则可以得到一个对角矩阵。

MATLAB 提供了 eig 函数用于求取矩阵的特征值及特征向量。其调用格式有以下几种。

(1) d=eig(A):求矩阵 A 的特征值 d,以向量形式存放 d。

(2) d=eig(A,B):A、B 为方阵,求广义特征值 d,以向量形式存放 d。

(3) [V,D]=eig(A):计算 A 的特征值对角矩阵 D 和特征向量 V,使 $AV=VD$ 成立。

(4) [V,D]=eig(A,'nobalance'):当矩阵 A 中有与截断误差数量级相差不远的值时,该指令可能更精确。"'nobalance'"起误差调节作用。

(5) [V,D]=eig(A,B):计算广义特征值向量矩阵 V 和广义特征值矩阵 D,满足 $AV=BVD$。

(6) [V,D]=eig(A,B,flag):由 flag 指定算法计算特征值 D 和特征向量 V,flag 的可能值为 cho 时表示对矩阵 B 使用 Cholesky 分解算法,这里矩阵 A 为对称 Hermitian 矩阵,矩阵 B 为正定阵;flag 的可能值为 qz 时表示使用 QZ 算法,这里矩阵 A、矩阵 B 为非对称或非 Herrnitian 矩阵。

矩阵特征值的求解算法多种多样,最常用的有求解实对称矩阵特征值与特征向量的 Jacobi 算法,有原点平移 QR 分解法与两步 QR 算法。矩阵的特征值与特征向量的求解有许多标准的子程序或程序库可以直接调用,如著名的 EISPACK 软件包等。MATLAB 中的 eig 函数是基于两步 QR 算法实现的,该函数也同样可以求解复数矩阵的特征值与特征向量矩阵。当矩阵含有重特征根时,特征向量矩阵可能趋于奇异,所以在使用此函数时应该注意。

例 2-7 求矩阵的特征值与特征向量应用实例。

其实现的 MATLAB 代码如下:

```
B=[  3      -2      -0.9     2*eps
    -2       4       1       -eps
    -eps/4   eps/2  -1        0
    -0.5    -0.5     0.1      1];
[VB,DB]=eig(B)
VB =
    0.6153   -0.4176   -0.0000   -0.1437
   -0.7881   -0.3261   -0.0000    0.1264
   -0.0000   -0.0000   -0.0000   -0.9196
```

```
      0.0189    0.8481    1.0000    0.3432
DB =
      5.5616         0         0         0
           0    1.4384         0         0
           0         0    1.0000         0
           0         0         0   -1.0000
[VN,DN]=eig(B,'nobalance')
VN =
      0.7808   -0.4924   -0.0000   -0.1563
     -1.0000   -0.3845         0    0.1375
     -0.0000   -0.0000   -0.0000   -1.0000
      0.0240    1.0000   -1.0000    0.0453
DN =
      5.5616         0         0         0
           0    1.4384         0         0
           0         0    1.0000         0
           0         0         0   -1.0000
```

3. 向量和矩阵的范数

矩阵或向量范数用来度量矩阵或向量在某种意义下的长度。范数有多种定义方法,其定义不同,范数值也就不同。在线性代数方程组的数值解法中,经常需要分析解向量的误差,需要比较误差向量的"大小"或"长度"。那么怎样定义向量的长度呢? 在初等数学中知道,定义向量的长度,实际上就是对每一个向量按一定的法则规定一个非负实数与之对应,这一思想推广到线性空间中,就是向量的范数或模。

1)向量的 3 种常用范数及其计算函数

(1)1-范数: $\|A\|_1 = \max\{\sum|ai1|, \sum|ai2|, \cdots, \sum|ain|\}$ (列和范数,向量 A 每一列元素绝对值之和的最大值)(其中 $\sum|ai1|$ 第一列元素绝对值的和 $\sum|ai1|=|a11|+|a21|+\cdots+|an1|$,其余类似)。

(2)2-范数: $\|A\|_2 = A$ 的最大奇异值 $=(\max\{\lambda i(A^H * A)\})^{1/2}$ (谱范数,即 $A^H * A$ 特征值 λi 中最大者 $\lambda 1$ 的平方根,其中 A^H 为向量 A 的转置共轭矩阵)。

(3)∞-范数: $\|A\|_\infty = \max\{\sum|a1j|, \sum|a2j|, \cdots, \sum|amj|\}$ (行和范数,向量 A 每一行元素绝对值之和的最大值)(其中 $\sum|a1j|$ 为第一行元素绝对值的和,其余类似)。

在 MATLAB 中,求这 3 种向量范数的函数分别介绍如下。

设向量 $V=(v_1, v_2, \cdots, v_n)$,下面讨论向量的 3 种范数。

- norm(V,1):计算向量 V 的 1-范数。
- norm(V)或 norm(V,2):计算向量 V 的 2-范数。
- norm(V,inf):计算向量 V 的∞-范数。

例 2-8 求向量的范数应用实例。

其实现的 MATLAB 代码如下:

```
x=[0 1 2 3]
x =
     0     1     2     3
sqrt(0+1+4+9)
ans =
    3.7417
norm(x)
ans =
    3.7417
n=length(x)
n =
     4
rms=norm(x)/sqrt(n)
rms =
    1.8708
```

2) 矩阵的范数

设 A 为 n 阶方阵,R^n 中已定义了向量范数 $\|\cdot\|$,称为矩阵 A 的范数或模,记为 $\|A\|$。MATLAB 提供了求 3 种矩阵范数的函数,分别介绍如下:

- norm(A,1):计算矩阵 A 的 1-范数。
- norm(A)或 norm(A,2):计算矩阵 A 的 2-范数。
- norm(A,inf):计算矩阵 A 的 ∞-范数。

例 2-9 求矩阵的范数应用实例。

其实现的 MATLAB 代码如下:

```
A=[1 4 7 5;3 6 9 8;11 25 6 0];
norm(A,2)
ans =
   30.1413
norm(A,1)
ans =
    35
norm(A,inf)
ans =
    42
```

4. 矩阵的条件数

在求解线性方程组 $AX=b$ 时,一般认为,系数矩阵 A 中个别元素的微小扰动不会引起解向量的很大变化。这样的假设在工程应用中非常重要,因为一般系数矩阵的数据是由实验数据获得的,并非精确值,但与精确值误差不大。上面的假设可以得出如下结论:当参与运算的系数与实际精确误差很小时,所获得的解与问题的准确解误差也很小。遗憾的是上述假设并非总是正确的。对于有的系数矩阵,个别元素的微小扰动会引起解的很大变化,在计算数学中,称这种矩阵是病态矩阵,而称不因系数矩阵的微小扰动所发生大的解向量变化的矩阵为良性矩阵。当然,良性与病态是相对的,需要一个参数来描述,条件数就是用来描述矩阵的这种性能的一个参数。

矩阵 A 的条件数等于 A 的范数与 A 的逆矩阵的范数的乘积,即 $\text{cond}(A) = \|A\| \cdot \|A^{-1}\|$,这样定义的条件数总是大于 1 的。条件数越接近于 1,矩阵的性能越好;反之,矩阵的性能越差。矩阵 A 有 3 种范数,相应地可定义 3 种条件数。在 MATLAB 中,计算矩阵 A 的 3 种条件数的函数如下。

(1) cond(A,1):计算矩阵 A 的 1-范数下的条件数,即

$$\text{cond}(A,1) = \|A\|_1 \cdot \|A^{-1}\|_1$$

(2) cond(A) 或 cond(A,2):计算矩阵 A 的 2-范数下的条件数,即

$$\text{cond}(A) = \|A\|_2 \cdot \|A^{-1}\|_2$$

(3) cond(A,inf):计算矩阵 A 的 ∞-范数下的条件数,即

$$\text{cond}(A,\text{inf}) = \|A\|_\infty \cdot \|A^{-1}\|_\infty$$

例 2-10 求矩阵条件数的应用实例。

其实现的 MATLAB 代码如下:

```
A=[1 2 3;4 5 6;7 8 9]
A =
    1    2    3
    4    5    6
    7    8    9
cond(A)
ans =
   3.8131e+ 16
cond(A,1)
ans =
   6.4852e+ 17
cond(A,inf)
ans =
   8.6469e+ 17
```

5. 矩阵的分解

矩阵分解是矩阵分析的一个重要工具,例如求矩阵的特征值和特征向量、求矩阵的逆以及矩阵的秩等都要利用到矩阵分解。在实际工程中,尤其是在电子信息理论和控制理论中

尤为重要。下面分别对几种常用的分解方法作介绍,关于其他的分解,有兴趣的读者可通过MATLAB的联机帮助文档了解其详细内容。

1)Cholesky 分解

Cholesky 分解是专门针对对称正定矩阵的分解。设 $A=(a_{ij})\in R^{n*n}$ 是对称正定矩阵,$A=R^{T}R$ 称为矩阵 A 的 Cholesky 分解,其中 $R\in R^{n*n}$ 是一个具有正的对角元素的上三角矩阵,即

$$R=\text{chol}(A)$$

这种分解是唯一存在的。

MATLAB 提供了 chol 函数用于实现这种分解,其调用格式如下。

(1) $R=\text{chol}(A)$:返回 Cholesky 分解因子 R。

(2) $[R,P]=\text{chol}(A)$:该命令不产生任何错误信息,若 A 为正定矩阵,则 $P=0$,R 为返回的 Cholesky 分解因子;若 A 为非正定矩阵,则 P 为正整数,R 是有序的上三角矩阵。

例 2-11 利用 chol 函数对提供的矩阵进行 Cholesky 分解。

其实现的 MATLAB 代码如下:

```
A=gallery('moler',5)
A =
     1    -1    -1    -1    -1
    -1     2     0     0     0
    -1     0     3     1     1
    -1     0     1     4     2
    -1     0     1     2     5
r=chol(A)
r =
     1    -1    -1    -1    -1
     0     1    -1    -1    -1
     0     0     1    -1    -1
     0     0     0     1    -1
     0     0     0     0     1
R=r'*r
R =
     1    -1    -1    -1    -1
    -1     2     0     0     0
    -1     0     3     1     1
    -1     0     1     4     2
    -1     0     1     2     5
```

2)LU 分解

LU 分解也称为三角分解。它的目的是将一个矩阵分解成一个下三角矩阵 L 和一个上三角矩阵 U 的乘积,即 $A=LU$。LU 分解是用 Gaussian 主元消去进行的。其中 L 和 U 矩

可以分别写为：
$$[L,U]=\text{lu}(A)$$

MATLAB 提供了 lu 函数用于实现 LU 分解，其调用格式如下。

$[L,U]=\text{lu}(A)$：对矩阵 A 进行 LU 分解，其中 L 为单位上三角矩阵或其逆变换形式，U 为上三角矩阵。

$[L,U,P]=\text{lu}(A)$：其中 L 为单位下三角矩阵，U 为上三角矩阵，P 为置换矩阵，满足 $LU=PA$。

3）QR 分解

在数值分析中，为了求解矩阵的特征值，引入了正交（QR）分解方法。对于非奇异矩阵 $A(n×n)$，则存在正交矩阵 Q 和上三角矩阵 R，使得 $A=Q*R$，QR 分解是唯一的。

MATLAB 提供了 qr 函数用于实现 QR 分解，其调用格式如下。

$[Q,R]=\text{qr}(A)$：返回正交矩阵 Q 和上三角矩阵 R，Q 和 R 满足 $A=QR$。若 A 为 $m×n$ 矩阵，则 Q 为 $m×m$ 矩阵，R 为 $m×n$ 矩阵。

$[Q,R]=\text{qr}(A,0)$：产生矩阵 A 的"经济型"分解，即若 A 为 $m×n$ 矩阵，且 $m>n$，则返回 Q 的前 n 列，R 为 $n×n$ 矩阵；否则该命令等价于 $[Q,R]=\text{qr}(A)$。

$[Q,R,E]=\text{qr}(A)$：求得正交矩阵 Q 和上三角矩阵 R，E 为置换矩阵，使得 R 的对角线元素按绝对值大小降序排列，满足 $AE=QR$。

$[Q,R,E]=\text{qr}(A,0)$：产生矩阵 A 的"经济型"分解，E 为置换矩阵，使得 R 的对角线元素按绝对值大小降序排列，且 $A(:,E)=Q*R$。

$R=\text{qr}(A)$：对稀疏矩阵 A 进行分解，产生一个上三角矩阵 R，R 为 A^TA 的 Cholesky 分解因子，即满足 $R^TR=A^TA$。

$R=\text{qr}(A,0)$：对稀疏矩阵 A 的"经济型"分解。

$[C,R]=\text{qr}(A,B)$：计算方程组 $Ax=b$ 的最小二乘解。

4）SVD 分解

SVD 分解也称为奇异值分解。矩阵的奇异值可以看作是矩阵的一种测度。对任意的 $m×n$ 阶矩阵 A，即
$$A^TA \geq 0, AA^T \geq 0$$
且
$$\text{Rank}(A^TA)=\text{rand}(AA^T)=\text{rank}(A)$$

同时，A^TA 和 AA^T 有相同的非负特征值 λ_i，在数学上把这些非负特征值的平方根称为矩阵 A 的奇异值，记为
$$\sigma_i(A)=\sqrt{\lambda_i(A^TA)}$$

矩阵奇异值分解的定义为：对于任意矩阵 $A \in C^{m×n}$，存在矩阵
$$L=[l_1,l_2,\cdots,l_m], M=[m_1,m_2,\cdots,m_n]$$
使
$$L^TAM=\text{diag}(\sigma_1,\cdots,\sigma_p), \sigma_1 \geq \sigma_p \geq 0$$

其中，$p=\min\{m,n\}$。

以上，$\{\sigma_i,l_i,m_i\}$的组合称矩阵A的奇异值分解三对组，其分别为矩阵A的第i个奇异值、左奇异值与右奇异值向量。从理论上来说，矩阵A的奇异值恰等于A^TA（或AA^T）特征值的平方根，不过从数值上来看，借助A^TA（或AA^T）特征值求取矩阵A奇异值的方法是不可取的，这将丧失计算精度。

MATLAB提供了svd函数用于实现求取矩阵的奇异值分解，其调用格式如下。

$s=\mathrm{svd}(A)$：返回矩阵A的奇异值向量s。

$[U,S,V]=\mathrm{svd}(A)$：返回矩阵A奇异值分解因子U、S、V。

$[U,S,V]=\mathrm{svd}(A,0)$：返回$m\times n$矩阵$A$的"经济型"奇异值分解。若$n>m$，则只计算出矩阵$U$的前$n$列，矩阵$S$为$n\times n$矩阵，否则同$[U,S,V]=\mathrm{svd}(A)$。

矩阵的奇异值大小通常决定矩阵的形态，如果矩阵的奇异值变化特别大，则矩阵中某个元素的微小变化会严重影响到原矩阵的参数，又称其为病态矩阵。

2.1.6 特殊矩阵与应用

1. 特殊矩阵

具有特殊形式的矩阵称为特殊矩阵。常见的特殊矩阵有0矩阵、全1矩阵、单位矩阵等，这类特殊矩阵在应用中具有通用性；还有一类特殊矩阵应用在专门学科中，如希尔伯特(Hilbert)矩阵、范德蒙德(Vandermonde)矩阵等。创建特殊矩阵的函数如表2-12所示。

表2-12 创建特殊矩阵的函数

函数	说明
ones	建立一个全1的矩阵或数组
zeros	建立一个全0的矩阵或数组
eye	建立一个矩阵，对角线元素是1，其他元素是0
magic	建立一个魔方矩阵，其行、列及对角线元素之和相等
rand	建立一个随机数均匀分布的矩阵或数组
randn	建立一个随机数正常分布的矩阵或数据
hilbert	建立一个希尔伯特矩阵
vander	建立一个范德蒙德矩阵
toeplitz	建立一个特普利茨矩阵
compan	建立一个伴随矩阵
pascal	建立一个帕斯卡矩阵

2. 稀疏矩阵

对于一个用矩阵描述的线性方程组来说，n 个未知数的问题会组成一个 $n\times n$ 的方程组。存储该方程组需要 n^2 个数字的内存和正比于 n^3 的计算时间。这样，解上百阶、上千阶的方程就不那么容易处理。幸运地是，大多数情况下，一个未知数只与数量不多的其他变量有关，即关系矩阵是稀疏的。

稀疏矩阵及其算法就是不存储那些零元素，也不对它们进行操作，从而节省内存和计算时间。稀疏矩阵计算的复杂性和代价仅仅取决于稀疏矩阵的非零元素数目，而与其总元素数目无关。

1）稀疏矩阵的存储

下面首先介绍 MATLAB 提供的非常有效的稀疏矩阵的存储方式。如果 MATLAB 把一个矩阵当作稀疏矩阵，那么只需要在 $m\times 3$ 的矩阵中存储 m 个非零项。第 1 列是行下标，第 2 列是列下标，第 3 列是非零元素值，不必保存零元素。如果存储一个浮点数要 8 个字节，存储每个下标要 4 个字节，那么在内存中存储整个矩阵需要 $16\times m$ 个字节。如：

A=eye(500);

该语句得到一个 500×500 的单位矩阵，存储它需要 2Mb 空间。如果使用如下命令：

B=speye(500);

将产生一个单位稀疏矩阵，可用一个 500×3 的矩阵来代表，每行包含有 1 个行下标、1 个列下标和元素本身：

```
whos
  Name      Size            Bytes  Class     Attributes
  A       500x500          2000000  double
  B       500x500            12008  double    sparse
  R         5x5                200  double
  r         5x5                200  double
```

显然，现在只需要 8KB 的空间就可以存储 500×500 的单位矩阵，只需要原单位矩阵的 0.25% 存储空间。对于许多广义矩阵也可这样来做。

稀疏矩阵的计算速度更快，因为 MATLAB 只对非零元素进行操作，这是稀疏矩阵的第二个突出优点。

2）稀疏矩阵的创建

在 MATLAB 中，不会自动生成稀疏矩阵，只有根据矩阵的非零元素的多少，并根据矩阵密度来确定是否把矩阵定义为稀疏矩阵。一般地，可以用命令 sparse 来创建一个稀疏矩阵，其调用格式如下：

- $S=\text{sparse}(A)$：表示将矩阵 A 转化为稀疏存储方式的矩阵 S。当矩阵 A 是稀疏存储方式时，则函数调用相当于 $S=A$。
- $S=\text{sparse}(i,j,s,m,n)$：其中 i 和 j 分别是矩阵非零元素的行和列指标向量，s 是非零值向量，其下标由对应的数值 (i,j) 确定；m 和 n 分别是矩阵的行和列。

- $S = \mathrm{sparse}(i,j,s)$：其中 i、j、s 是 3 个等长的向量。
- $S = \mathrm{sparse}(m,n)$：表示生成一个 $m \times n$ 的所有元素都是 0 的稀疏矩阵。

```
s=sparse(1:9,1:9,ones(1,9))
s =
    (1,1)        1
    (2,2)        1
    (3,3)        1
    (4,4)        1
    (5,5)        1
    (6,6)        1
    (7,7)        1
    (8,8)        1
    (9,9)        1
```

3）稀疏矩阵的运算

大多数 MATLAB 函数是标准数学函数，对于稀疏矩阵的运算就像对全元素矩阵运算一样。另外，MATLAB 还提供了一些针对稀疏矩阵进行运算的函数，如标准数学运算、置换和重新排列、稀疏矩阵分解和解线性方程组等。

稀疏矩阵计算的复杂性与矩阵中非零元素的个数成正比，也线性地依赖于矩阵行、列的大小，但是与矩阵总元素的个数 $m \times n$ 无关。这种复杂性使得运算变得复杂，例如稀疏线性方程组的求解，包括元素的排序和填充等。然而，常规的稀疏矩阵运算所需的时间正比于非零元素进行算术操作的数目。

a．标准数学运算

在运算中，稀疏矩阵的变化主要遵循下面几个原则。

（1）对于一个函数，若输入参数是矩阵，而输出的参数是标量或向量，则输出结果采用全元素形式存储。例如，size 函数的输入可以是全元素矩阵也可以是稀疏矩阵，但该函数总是返回一个全元素的向量。

（2）若函数输入参数是标量或向量，则输出的参数是矩阵。如函数 zeros、ones、rand 和 eye 等，总是返回全元素形式。这对于避免引入意外的稀疏性是必要的。$\mathrm{zeros}(m,n)$ 的稀疏形式是 $\mathrm{sparse}(m,n)$；函数 rand 和函数 eye 的稀疏形式分别是 sprand 和 speye；函数 ones 没有稀疏形式。

（3）若一元函数输入是矩阵，则输出为矩阵或向量，它保留操作数的存储特性。如果 S 是一个稀疏矩阵，则 $\mathrm{chol}(S)$ 也是一个稀疏矩阵，$\mathrm{diag}(S)$ 是一个稀疏向量。按列进行运算的函数，如 max 和 sum 也返回稀疏向量，尽管这些向量可能整个都是非零的。需要注意的是函数 sparse 和函数 full 对于这个规则是一个例外。

（4）对于二元运算符，如果两个操作数都是稀疏的，则产生的结果也是稀疏的，如果两个操作数都是全元素的，则产生的结果也是全元素的。对于混合的操作数，除非运算保留稀疏性，否则将给出全元素结果。如果 S 是稀疏的，F 是全元素的，则 $S+F$，$S*F$ 和 $F\backslash S$ 也是全元素的,而 S.*F 和 S&F 是稀疏的。在有些情况下,尽管矩阵有很少的零元素,结果仍然是稀疏形式。

(5)矩阵采用 cat 函数或方括号连接对于混合算子将产生稀疏结果。

(6)在赋值语句右侧的子矩阵索引保留操作数的存储形式。对于 $T=S(i,j)$,如果 S 是一个稀疏矩阵,而 i 和 j 是向量或标量,将产生一个稀疏的结果矩阵。在赋值语句左侧的子矩阵索引[如 $T(i,j)=S$]中,将不会改变左侧矩阵的存储形式。

b. 置换和重新排列

稀疏矩阵 S 的行和列的置换可以用下列两种方式表示。

(1)置换矩阵 P 作用于 S 的行表示为 $P*S$,作用于 S 的列表示为 $S*P'$。

(2)置换向量 P 是一个包含 $1:n$ 置换的全元素向量,作用于 S 的行表示为 $S(P,:)$,作用于 S 的列表示为 $S(:,P)$。

此外,还有许多命令可以对非零元素进行操作,介绍如下。

nnz(A):求矩阵 A 中非零元素的个数。既可求满矩阵也可求稀疏矩阵。

spy(A):绘制稀疏矩阵 A 中非零元素的分布。也可用在满矩阵中,在这种情况下,只给出非零元素的分布。

nonzeros(A):按照列的顺序找出矩阵 A 中的非零元素。

spones(A):把矩阵 A 中的非零元素全换为 1。

spalloc(m,n,nzmax):产生一个 $m×n$ 阶只有 nzmax 个非零元素的稀疏矩阵。这样可以有效地减少存储空间并提高运算速度。

issparse(A):如果矩阵 A 是稀疏矩阵,则返回 1;否则返回 0。

spfun(fcn,A):用稀疏矩阵 A 中所有非零元素对函数 fcn 求值,如果函数不是对稀疏矩阵定义的,同样也可以求值。

spfun(A):求稀疏矩阵 A 的结构秩。对于所有的矩阵来说,都有 sprank(A)$\geqslant$rank(A)。

4)稀疏矩阵的分解

为了处理稀疏矩阵,采取了一系列优化技术。稀疏矩阵的范数计算和普通满矩阵的范数计算有一个重要的区别:稀疏矩阵的欧几里得范数不能直接求得。如果稀疏矩阵是一个小矩阵,则用 norm(full(A)) 来计算其范数;但是对于大矩阵来说,这样计算是不可能的。然而,MATLAB 可以计算出欧几里得范数的近似值,在计算条件数时也是一样。MATLAB 提供了以下函数实现稀疏的范数求解。

nrm=normest(S):计算稀疏矩阵 S 的近似欧几里得范数,相对误差为 $1×10^{-6}$。

nrm=normest(S,tol):计算稀疏矩阵 S 的近似欧几里得范数,可设置相对误差 tol,而不用默认的 $1×10^{-6}$。

[nrm,count]=normest(…):计算近似 nrm 范数,并给出计算范数迭代的次数 count。

condest(S):求矩阵 S 条件数的 1-范数中条件数下界估计值。

[c,v]=condest(S,tr):求矩阵 S 条件数的 1-范数中条件数下界估计值 c 和向量 v,使得 $\|Sv\|=(\|S\|\|v\|)/c$。如果给定 tr,则给出计算的过程。tr=1 时,给出每步过程;

tr=−1时给出熵 c/rcond(**S**)。

```
sprs=speye(40);
sprs(4,1)=21;
sprs(3,2)=6;
normp=normest(sprs)
normp =
   21.0475
tN=norm(full(sprs))
tN =
   21.0475
d=tN-normp
d =
   3.3720e-008
```

2.2 MATLAB 程序设计基础

2.2.1 M 文件

1. M 文件的功能和特点

  MATLAB 是一种强有力的操作环境,它集中了 MATLAB 所提供的完整而易于使用的编辑语言。从形式上来讲,MATLAB 程序文件是一个 ASCII 码文件(标准的文本文件),扩展名为.m(M 文件的名称由此而来)。用任何字处理软件都可以对它进行编辑和修改。从特征上来讲,MATLAB 是解释性编程语言。它的优点是语法简单,程序容易调试,人机交互性强;缺点是由于逐句解释运行程序,所以速度比编译型的慢。但是较慢的运行速度仅明显表现在 M 文件初次运行时。因为 M 文件一经运行便将其代码存放在内存中,再次运行该文件时,MATLAB 将直接从内存中读出代码运行,大大加快了运行速度。

  从功能上来讲,M 文件大大扩展了 MATLAB 的能力。通过工具箱,MATLAB 才被应用到控制、信号处理、小波分析、系统辨识、图像处理、优化、样条分析、神经网络和金融财政等各个方面。而这些工具箱全部是由 M 文件构成的。从这点上来讲,如果不了解 M 文件,就不算彻底了解 MATLAB。

  由于 M 文件是解释性的程序语言,且以复数矩阵为基本运算单位,所以 M 文件无论从形式、结构还是语言规则等方面都比一般的计算机语言简单、易写、易读。另外,MATLAB 本身是用 C 语言编写的,M 文件的语法又与 C 语言十分相似,因此熟悉 C 语言的用户可以轻松地掌握 MATLAB 的编程技巧。

2. M 文件编辑器的功能

  MATLAB Editor/Debugger 是一个集编辑与调试两种功能于一体的工具环境。限于篇幅有限,本书只介绍其编辑功能。至于调试功能请参看 MATLAB 自带的 PDF 文件。

(1)创建新的 M 文件,启动编辑器的 3 种操作方法。

• 在 MATLAB 命令窗口中输入指令 edit 运行。

• 单击 MATLAB 主工具条中的"新建文件"按钮。

• 单击 MATLAB 主菜单中的"File"→"New"→"M‑File"命令。

(2)打开已有 M 文件的 3 种操作方法。

• 在 MATLAB 命令窗口中输入指令 edit filename 运行。filename 是待打开文件名,可不带扩展名。

• 单击 MATLAB 主工具条中的"打开文件"按钮,再从弹出对话框中点选所需打开的文件。

• 单击 MATLAB 主菜单中的"File"→"Open"命令,再从弹出对话框中点选所需打开的文件。

(3)经编写修改后,文件的保存方法。

单击编辑器(Editor)窗口主工具条中的"保存"按钮,也可以单击编辑器(Editor)窗口中的"File"→"Save"命令。若是已有文件,则以上操作便完成了保存;若是新文件,则会弹出"保存"文件对话框,经过存放目录和文件名(不带扩展名)的选择,即可完成保存。

(4)"Tools"菜单操作方法。

MATLAB 的编辑器(Editor)窗口主菜单中有一个名为"Tools"的菜单。在它的下拉菜单中有如下 3 个命令选项。

(a)customize:当单击该命令选项时,将打开一个"Customize Tools Menu"对话框。利用该对话框,用户可以根据自己的需要在"Tools"的下拉菜单中添加或删除 MATLAB 命令,从而可定制出合适的菜单。

(b)options:单击该命令选项,打开"options"对话框,该对话框下面有两个选项卡。

• general 选项卡。用来设置编辑器窗口本身的使用方式。页面标识、最新编辑过的文件名录等。如勾选"show worksheet‑style tables"子项,编辑器所打开的文件"卡片"将在此卡片左下端显示检索标签。在同时编辑多个文件时,该标签将大大方便各文件间的切换。如勾选"show dat tips"子项,那么当光标指向编辑器窗口里的任何一个变量时,屏幕将显示该变量的内容。

• editor 选项卡。用来设置 M 文件的编写格式,如缩进量、括号与引号的匹配、Tab 键等设置。

(c)font:单击该命令选项,将打开"字体"对话框,来设置编辑文件的字体。

3. 脚本式 M 文件

对于一个比较简单的问题,从命令窗口中直接输入指令进行计算是十分轻松简单的事。但随着指令数的增加或随控制流复杂度的增加,以及重复计算要求的提出,直接从命令窗口进行计算就显得繁琐。此时,脚本文件最为合适。"脚本"本身反映这样一个事实:即 MAT‑

LAB只是按文件所写的指令执行。这种文件的构成比较简单,其特点如下。

(1)它只是一串按用户意图排列而成的(包括控制流向指令在内的)MATLAB指令集合。

(2)脚本文件运行后,所产生的所有变量都驻留在MATLAB基本工作空间(Base Workspace)中。只要用户不使用clear命令加以清除,且MATLAB命令窗口不关闭,这些变量将一直保存在基本工作空间中。基本空间随MATLAB的启动而产生,只有关闭MATLAB时,该基本空间才被删除。

4. 函数式M文件

与脚本文件不同,函数文件"Function file"犹如一个"黑箱"。从外界只能看到传给它的输入量和输出的计算结果,而内部运作是藏而不见的。它的特点如下。

(1)从形式上来讲,与脚本文件不同,函数文件的第一行总是以"function"引导的"函数申明行(Function declaration line)"开始。该行还罗列出函数与外界联系的全部"标称"输入、输出宗量。但对"输入、输出宗量"的标称数目并没有限制,既可以完全没有输入、输出宗量,也可以是任意数目。

(2)MATLAB允许使用比"标称数目"少的输入、输出宗量,实现对函数的调用。

(3)从运行上来看,与脚本文件运行不同,每当函数文件运行时,MATLAB就会专门为它开辟一个临时函数工作空间,称之为函数工作空间(Function workspace)。所有中间变量都存放在函数工作空间中。当执行完文件最后一条指令或遇到return时,就结束该函数文件的运行,同时该临时函数工作空间及其所有的中间变量就立即被清除。

(4)函数工作空间随具体M函数文件的被调用而产生,随调用结束而删除。函数工作空间是相对基本空间独立的、临时的。在MATLAB整个运行期间,可以产生任意多个临时函数工作空间。

(5)假如在函数文件中,发生对某脚本文件的调用,那么该脚本文件运行产生的所有变量都存放于函数工作空间中,而不是存放在基本空间。

2.2.2 MATLAB程序结构

编辑语言允许程序员根据某些判断结构来控制程序流的执行次序。作为一种常用的编程语言,MATLAB支持各种流程控制结构,如顺序结构、循环结构、分支结构等。

1. 顺序结构

顺序结构是指按照程序中语句的排列顺序依次执行,直到程序的最后一个语句。这是最简单的一种程序结构,一般涉及数据的输入、数据的计算或处理、数据的输出等内容。

1)数据的输入

从键盘输入数据,则可以使用input函数来进行,该函数的调用格式如下:

$$A = input(提示信息,选项)$$

其中,提示信息为一个字符串,用于提示用户输入什么样的数据。例如,从键盘输入A矩阵,可以采用下面的命令来完成：
$$A = \text{input}('输入 A 矩阵：')$$

执行该语句时，首先在屏幕上显示提示信息"输入 A 矩阵："，然后等待用户从键盘按 MATLAB 规定的格式输入 A 矩阵的值。

如果在 input 函数调用时采用"s"选项，则允许用户输入一个字符串。例如，想输入一个人的姓名，可采用下面的命令来实现：
$$\text{xm} = \text{input}('What's your name?', 's')$$

2）数据的输出

MATLAB 提供的命令窗口输出函数主要有 disp 函数，其调用格式如下：
$$\text{disp}(输出项)$$

其中，输出项既可以为字符串，也可以为矩阵。例如：

```
>> X='MY WORD';
>> disp(X)
```
输出为：
MY WORD
又如：
```
>> A=[1 4 7;2 5 8;3 6 9];
Disp(A)
     1   4   7
     2   5   8
     3   6   9
```

注意：和前面介绍的矩阵显示方式不同，用 disp 函数显示矩阵时将不显示矩阵的名字，而且其输出格式更紧凑，且不留任何没有意义的空行。

2. 循环结构

在利用 MATLAB 进行数值实验或工程计算时，用得最多的便是循环结构。在循环结构中，被重复执行的语句组称为循环体。常用的循环结构有两种，即 for 循环与 while 循环。

1）for 循环

在许多情况下，循环条件是有规律变化的，通常是把循环条件的初值、判断和变化放在循环的开头，这种形式就是 for 循环结构。其基本调用格式如下：

```
for(计数器=初值:增量:终止值)
   执行语句；…；执行语句；
end
```

该循环会依照计数器的值来决定运算指令的循环次数。其方法是：一开始计数器设定为初始值，并判断是否大于终止值，如果没有则执行运算指令；下一次将计数器加上增量，重复上次的判断，直到计数器大于终止值时跳出循环。其中，如果不写增量，MATLAB 会自动取为 1。在这个意义上，MATLAB 的 for 循环与其他计算机语言没有什么区别。

例 2-12 简单 for 循环结构。

MATLAB 代码如下：
```
for e=eye(3)
    disp('Current value of e:')
    disp(e)
end
Current value of e:
     1
     0
     0
Current value of e:
     0
     1
     0
Current value of e:
     0
     0
     1
```

for 循环语句的循环条件也可以是一个数组,例如 A 为 $n \times m$ 矩阵,则：

```
for(index = A)
    执行语句;执行语句;
end
```

在该例中,index 被设定为一维数组 $A(:,k)$。第一次循环中,$k=1$,然后反复执行,直到 $k=m$。换句话说,每次循环执行时,index 为矩阵 A 其中一列的所有元素。

2) while 循环

while 语句为条件循环语句,循环执行一组语句,执行次数不确定,决定于一些逻辑条件。它的关键字包括 while、end、break 等,基本调用格式如下：

```
while 表达式
    语句组 A
end
```

在 while 循环中,首先判断 while 后面表达式的逻辑值,如果为真(满足),则执行语句组 A,再跳回到 while 的入口,检查表达式的逻辑值,如果为真,再执行语句组 A,周而复始,直到表达式为假(不满足)为止,此时则执行 end 命令后的语句。

循环条件也可以是一个数组。如果该数组为空数组,MATLAB 会终止这个循环。例如：

```
while A
    执行语句
end
```

例 2－13 简单的 while 循环结构。

其实现的 MATLAB 代码如下：

```
eps=1;
while((1+ eps)>1)
   eps=eps/2;
end
```

3. 分支结构

在计算中通常要根据一定的条件来执行不同的程序语句组，当某些条件满足时只执行其后的某一条或几条命令时，在这种情况下，就需要使用分支结构，即选择结构。在 MATLAB 中常用的分支结构有两种，分别为 if 结构与 switch－case－end 结构。下面分别给予介绍。

1) if 结构

if 语句用来检查逻辑运算、逻辑函数、逻辑变量值等逻辑表达式的真假，若为真则执行 if 和 else 之间的执行语句，否则，转去执行另一分支。其基本格式如下：

  if 逻辑表达式
    执行语句 1
  else
    执行语句 2
  end

在 MATLAB 中也可以利用 elseif 来写嵌套判断式。其格式如下：

  if 逻辑表达式 1
    语句组 1
  elseif 逻辑表达式 2
    语句组 2
  elseif 逻辑表达式 3
    语句组 3
     ⋮
  else
    语句组 n
  end

例 2－14 编写一个函数计算函数 $f(x)\begin{cases}2x+1 & x<-1\\ x & -1\leqslant x\leqslant 1\\ x-2 & x>1\end{cases}$ 的值，并用其来求 $f(5)$ 的值。

编写 li2_65fun.m 函数代码如下：

```
function y=li2_65fun(x);
```

```
if x<-1
    y=2*x+1;
elseif x>=-1&x<=1
    y=x;
else
    y=x-2;
end
```

求 $f(5)$ 的值的代码如下：

```
y=li2_65fun(5)
y =
     3
```

2) switch－case－end 结构

switch 语句也是 MATLAB 中的一个分支语句。如果在一个程序中，必须针对某个变量值来进行多种不同的执行，则 switch 语句更为方便，此外，合理地使用 switch－case－end 语句也可以使程序更具有可读性。switch－case－end 结构的基本格式如下：

    switch 变量或表达式
    case 数值(或字符串)条件语句 1
      执行语句 1
    case 数值(或字符串)条件语句 2
      执行语句 2
        ⋮
    otherwise
      执行语句 n
    end

基本的 switch 语句包含下列元素。

• switch：switch 语句的开始，紧接着分支条件。分支条件可以是一个函数或表达式。

• case：依照分支条件值，不同 case 可以定义为不同的运算指令。而紧接在 case 后面的就是此 case 的分支条件。之后接着一个或一串执行语句。

• otherwise：若不符合所有 case 的条件，则程序就会执行 otherwise 下面的语句。

• end：switch 语句的结束。

switch 语句实际上也是利用 if(分支条件＝＝数值条件)语句来实现其目的，如果判断的返回值为真，则符合条件，并且执行紧跟的运算；反之，如果判断的返回值为假，则继续检验 case，直到最后一个失败，才执行 otherwise 下面的程序语句。如果分支条件是用于检测字符串条件，则其判断变为：

    if(strcmp(分支条件＝＝字符串条件))

switch 语句这一结构也经常用于一般的程序语言中，如 C 语言。但如果读者学过 C 语言，也许会有这样的疑问，即 MATLAB 的 switch 语句中为什么缺少了 break。其实很简单，在C语言中,程序执行所有的符合条件的case。换句话说,C语言在检验某个case符合并执行其后的语句后,还会再继续检验下一个case,直到全部检验完。所以,一般会在一个case描述的最后加上break,让程序只运算第一个检验成功的运算式。MATLAB在这方面则只执行第一个检验成功的case。

例2-15 简单的switch—case—end结构。

其实现的MATLAB代码如下:

```
method='Bilinear';
switch lower(method)
  case{'linear','bilinear'}
    disp('Method is linear')
case 'cubic'
    disp('Method is cubic')
    case'nearest'
    disp('Method is nearest')
    otherwise
    disp('Unknown method.')
end
Method is linear
```

除了上面介绍的两种常用的if分支结构、switch—case—end分支结构外,MATLAB还有新分支结构,即try—catch—end结构语句。其基本格式如下:

$$try$$
$$语句组1$$
$$catch$$
$$语句组2$$
$$end$$

程序在不出错的情况下,这种结构只有语句组1被执行;若程序出现错误,那么错误信息将被捕获,并存放在laster变量中,然后执行语句组2;若在执行语句组2时,程序又出现错误,那么程序将自动终止,除非相应的错误信息被另一个try—catch—end结构所捕获。

例2-16 使用try—catch—end嵌套结构,捕获检查指定的文件,在无法找到指定文件的情况下,尝试改变文件的扩展名的操作来打开文件。

其实现的MATLAB代码如下:

```
function d_in=read_image(filename)
[path,name,ext]=fileparts(filename);
try
  fid=fopen(filename,'r');
  d_in = fread(fid);
catch exception
```

```
      %读取失败,因为该文件找不到?
      if~exist(filename,'file')
        %是的。请尝试修改文件扩展名
        switch ext
        case'.jpg'   %把文件扩展名由.jpg改为.jpeg
        altFilename=strrep(filename,.'jpg','.jpeg')
        case'.jpeg'  %把文件扩展名由.jpeg改为.jpg
        altFilename=strrep(filename,'.jpeg','.jpg')
        case'.tif'   %把文件扩展名由.tif改为.tiff
        altFilename=strrep(filename,'.tif','.tiff')
        case'.tifft'  %把文件扩展名由.tiff改为.tif
        altFilename=strrep(filename,'.tiff','.tif')
        otherwise
        rethrow(exception);
        end
        %再次使用try-catch-end结构语句,以更新文件名
        try
        fid=fopen(altFilename,'r');
        d_in=fread(fid);
        catch
          rethrow(exception)
        end
      end
end
```

2.2.3 程序的流程控制

在利用 MATLAB 编程解决实际问题的同时,可能会需要提前终止 for 与 while 等循环结构语句,有时可能需要显示必要的出错或警告信息、显示批处理文件的执行过程等,而这些特殊要求的实现就需要本小节所介绍的流程控制函数,如 break 函数、continue 函数、return 函数、warning 函数与 error 函数等。下面分别对这些函数予以介绍。

1. break 函数

break 函数一般用来终止 for 或 while 循环语句,通常与 if 条件语句同时使用,如果条件满足,则利用 break 命令将循环终止。在多层循环嵌套中,break 只终止最内层的循环。

例 2-17 break 函数应用示例。

其实现的 MATLAB 代码如下:
```
fid=fopen('fft.m','r');
s='';
```

```
While(~feof(fid))
    line=fgetl(fid);
    if isempty(line)‖~ischar(line)
        break;
    end
    s=sprintf('%s%s\n',s,line);
end
disp(s);
```

2. continue 函数

continue 函数通常用在 for 或 while 循环结构中,并与 if 分支结构语句同时使用,其作用是结束本次循环,即跳过其后的循环语句而直接进入下一次是否执行循环的判断。

例 2-18 continue 函数应用示例。

其实现的 MATLAB 代码如下:

```
fid=fopen('magic.m','r');
count=0;
while(~feof(fid))
    line=fgetl(fid);
if isempty(line)‖strncmp(line,'%',1‖~ischar(line))
    continue;
end
count=count+1;
end
fprintf('%d lines\n',count);
fclose(fid);
```

3. return 函数

return 函数使正在运行的函数正常结束并返回调用它的函数或命令窗口。

例 2-19 使用 return 函数编写一个求两矩阵相减的程序。

其实现的 MATLAB 代码如下:

```
function c=li2_70fun(a,b)
%此函数用于求两矩阵的差
[m,n]=size(a);
[p,q]=size(b);
%如果 a,b 中有一个是空矩阵或两个矩阵的维数不相等,则返回空矩阵
%并给出警告信息
if isempty(a)
    warning('a 为空矩阵!!! ');
```

```
        c=[];
        return;
    elseif isempty(b)
        warning('b 为空矩阵!!! ');
        c=[];
        return;
    elseif m~=p|n~=q
        warning('两个矩阵的维数不相等');
        c=[];
        return;
    else
        for i=1:m
        for j=1:n
            c(i,j)=a(i,j)-b(i,j);
            end
        end
    end
```

选取两个矩阵 a, b 进行计算。

```
a=[1 2 8;5 8 9];b=[];
c=li2_70fun(a,b);          %两矩阵维数不等,显示出错警告信息
Warning:b 为空矩阵!!!
> In li2_70fun at 11
c=
    []
a=[1 2 8;5 8 9];b=[2 5 8;0 7 9];
c=li2_70fun(a,b);          %两个矩阵维数相等的效果
c=
    -1    -3    0
     5     1    0
```

4. warning 函数

warning 函数用于在程序运行时给出必要的警告信息,这在实际中是非常有必要的。在实际中,因为一些人为因素或其他不可预知的因素可能会使某些数据输入有误,如果编程者在编程时能够考虑这些因素,并设置相应的警告信息,那么就可以大大降低由数据输入有误而导致程序运行失败的可能性。

warning 函数的调用格式如下:

- warning('message'):显示警告信息"message",其中"message"为文本信息。
- warning('message',a1,a2,…):显示警告信息"message",其中"message"包含转义字

符,而且每个转义字符的值将被转换为 a1,a2,…的值。

• warning('message_id','message'):"message_id"为一个附加的索引标识符,标识符可以提示读者在程序执行过程中遇到了什么样的警告。有关详细信息,请参阅 MATLAB 的联机帮助文档。

• warning('message_id','message',a1,a2,…):包括转义字符的值将被转化为 a1,a2,…的值。

• s=warning(state,mode):是一个警告控制语句,它可以显示一个堆栈跟踪或显示更多警告信息。其中,state 为当前状态,可取 on、off 或 query 的值;mode 为其模式,可取 backtrace 或 verbose 的值。

5. error 函数

该函数用于显示错误信息,同时返回键盘控制。其调用格式如下。

• error('msgString',v1,v2,…):终止程序并显示错误信息,其值为 v1,v2,…。

• error('msgString'):终止程序并显示错误信息"msgString"。

2.2.4 函数文件

函数文件是一种 M 文件,每一个函数文件都定义一个函数。函数文件能够接受用户的输入参数,进行计算,并将计算结果作为函数的返回值返回给调用者。事实上,MATLAB 提供的标准函数大部分都是由函数文件定义的。

1. 基本结构

函数文件由 function 语句引导,其基本结构为:
    function[输出形参表]=函数名(输入形参表)
     注释说明部分
    函数体语句

其中以 function 开头的一行为引导行,表示该 M 文件是一个函数文件。函数名的命名规则与变量名相同。输入实参为函数的输入参数,输出实参为函数的输出参数。当输出参数为一个时,可以省略方括号。

例 2-20 编写函数文件,求半径为 R 的圆的面积和周长。

函数文件如下:

```
function[S,C]= fcircle(R)
%FCIRLE calculate the area and perimeter of a circle if radii is R
%R     圆半径
%S     圆面积
%C     圆周长
S=Pi*R*R;
```

```
    C=2*Pi*R;
```
将以上函数文件以文件名 fcircle.m 保存,然后在 MATLAB 命令窗口调用该函数:
```
    [S,C]=fcircle(1)
```
输出结果为:
```
    S=3.1416
    C=6.2832
```
采用 help 命令或 looker 命令可以显示出注释说明部分的内容,其功能和一般 MATLAB 函数的帮助信息是一致的。

2. 函数调用

函数调用的一般格式为:

$$[输出实参表]=函数名(输入实参表)$$

要注意的是,函数调用时各实参出现的顺序、个数,应与函数定义时形参的顺序、个数一致,否则会出错。函数调用时,先将实参传递给相应的形参,从而实现参数传递,然后再执行函数的功能。

例 2-21 定义一个函数文件 $y=\sum_{i=1}^{n}x^{m}$,然后调用该函数文件求 $y=\sum_{i=1}^{10}x^{-1}$。

函数文件 add_fun.m 如下:
```
    function y=add_fun(n,m)
    y=0;
    for x=1:n
        y=y+ x^m;
    end
```
调用 add_fun.m 的命令:
```
    y=add_fun(10,- 1)
```
输出结果为:
```
    y=2.9290
```
在 MATLAB 中,函数可以嵌套调用,即一个函数可以调用别的函数,甚至调用它自身。一个函数调用它自身称为函数的递归调用。

另外,在一个函数文件中可以包含多个函数,文件中的第一个函数称为主函数,其余的函数称为子函数。函数文件中主函数必须出现在最上方,其后是子函数,子函数的次序没有限制。子函数不能被其他文件的函数调用,只能被同一文件中的主函数或其他子函数调用。子函数没有在线帮助信息,用 help 命令和 looker 命令不能提供子函数的帮助信息。

3. 函数参数的可调性

MATLAB 在函数调用上有一个与一般高级语言不同之处,就是函数所传递参数数目的可调性。凭借这一点,一个函数可完成多种功能。

在调用函数时,MATLAB 用两个预定义函数变量 nargin 和 nargout 分别记录调用该函数时的输入参数和输出参数的个数。只要在函数文件中包含这两个变量,就可以准确地知道该函数文件被调用时输入、输出参数的个数,从而决定函数如何进行处理。

4. 局部变量和全局变量

在 MATLAB 中,函数文件中的变量是局部的,与其他函数文件及 MATLAB 工作空间相互隔离,即在一个函数文件中定义的变量不能被另一个函数文件引用。如果在若干函数中,都把某一变量定义为全局变量,那么这些函数将共用这个变量。全局变量的作用域是整个 MATLAB 工作空间,即全程有效,所有的函数都可以对它进行存取和修改。因此,定义全局变量是函数间传递信息的一种手段。

全局变量用 global 命令申明,格式为:

global 变量名

例 2 - 22 全局变量应用示例。

先建立函数文件 wadd.m,目的是让该函数将输入的参数加权相加:

```
function z=wadd(x,y)
global a b;
z=a*x+b*y;
```

在命令窗口中输入:

```
global a b
a=1;
b=2;
y=wadd(1,2)
```

输出结果为:

```
y= 5
```

由于在函数 wadd 和基本工作空间中都把 a 和 b 两个变量定义为全局变量,所以只要在命令窗口中改变 a 和 b 的值,就可以改变加权值,而无需修改 wadd.m 文件。

在实际编程中,可在所有需要调用全局变量的函数文件里定义全局变量,这样就可以实现数据共享。为了在基本工作空间中使用全局变量,也要定义全局变量。在函数文件里,全局变量的定义语句应放在变量使用之前,为了便于了解所有的全局变量,一般把全局变量的定义语句放在文件的前部。

值得指出的是,在程序设计中,全局变量固然可以带来某些方便,但破坏了函数对变量的封装,降低了程序的可读性。因而,在结构化程序设计中,全局变量是不受欢迎的。尤其当程序较大、子程序较多时,全局变量将给程序调试和维护带来不便,故不提倡使用全局变量。如果一定要用全局变量,最好给它起一个能反映变量含义的名字,以免和其他变量混淆。

2.2.5 程序调试和优化

从程序设计的角度来看,MATLAB比其他编程语言简单,但也有自己严格的语法。用户必须遵守MATLAB的语法规则。如果命令的语法格式不对,程序会出现语法错误。另外,随着程序代码的增加,逻辑错误的出错概率也将成倍增长。

MATLAB的M文件编辑器提供了程序调试器(Debugger),用于对程序进行调试,查找程序中隐藏的错误,帮助程序员将这些错误改正或排除。

1. 错误类型

1) 语法错误

语法错误是指违反了MATLAB的语法规则而发生的错误,如命令不正确,标点符号遗漏,分支结构或循环结构不完整或不匹配,函数名拼写错误等。

MATLAB会发现大部分语法错误,并显示相关的错误信息,因此很容易解决语法错误。

2) 逻辑错误

逻辑错误一般是算法的错误,在程序中语句合法,而且能够执行,但编写的程序代码不能实现预定的处理功能而产生的错误。因为MATLAB是解释运行环境,而且工作空间是局部的、独立的,函数运行完后函数工作空间就消失,所以在程序运行过程中会遇到不易发现的逻辑错误。

在调试时一般检测和跟踪逻辑错误的方法主要有以下几种:

• 删除某些语句行末尾的分号,MATLAB便会将表达式执行的结果显示在命令窗口中。

• 将函数调用中的被调用函数单独调试,将第1句函数声明行前加"%",定义输入变量并赋值,就可以以脚本的方式执行该函数。

• 在程序中加入keyboard语句,当程序运行至此时会暂停,并在命令窗口显示"k>>"提示符,这时就可以在命令窗口查看和修改各个变量的内容,若要继续则输入"return"命令。

• 使用MATLAB的M文件调试器,可以方便地查看和修改变量,准确地找到错误。

2. 程序调试器

MATLAB的程序调试器窗口就是M文件编辑器窗口,打开某个M文件就打开了M文件编辑/调试器窗口。在M文件编辑/调试器窗口中可以通过调试菜单或工具栏实现设置断点,以及跟踪程序执行和观察变量等手段,方便地查找错误;通过M-Lint和Profiler工具测试和分析程序,以达到优化程序的目的。

MATLAB用于调试的菜单是"Debug"和"Go"。

3. M 文件性能优化

1）使用循环时提高速度的措施

循环语句及循环体是 MATLAB 编程的瓶颈问题。MATLAB 与其他编程语言不同,它的基本数据是向量和矩阵,编程时应尽量对向量和矩阵编程,而不要对矩阵的元素编程。

2）大型矩阵的预先定维

由于 MATLAB 变量在使用之前不需要定义和指定维数,当变量新赋值的元素下标超出数组的维数时,MATLAB 就为该数据扩维 1 次,大大地降低了运行的效率。

建议在定义大型矩阵时,首先用 MATLAB 的内在函数,如 zeros()或 ones()对其进行定维操作,然后再进行赋值处理,这样会显著减少所需的时间。

3）优先考虑内在函数

矩阵运算应该尽量采用 MATLAB 的内在函数。内在函数是由更底层的 C 语言构造的,其执行速度显然更快。

4）采用高效的算法

在实际应用中,解决同样的数学问题通常有多种算法。例如,求解定积分的数值解法在 MATLAB 中就提供了两个函数:quad 和 quad8,其中后者在精度、速度上都明显高于前者。所以在解决问题时应寻求更高效的算法。

5）尽量使用 M 函数文件代替 M 脚本文件

由于 M 脚本文件每次运行时,都必须把程序装入内存,然后逐句解释执行,十分费时。因此,要尽量使用 M 文件代替 M 脚本文件。

第 3 章　MATLAB 的基本操作

随着计算机技术的发展，针对图形和文件的操作和处理越来越频繁。针对图形的操作，MATLAB 提供了多种类型的二维图和三维图的绘制与处理功能，并具有丰富的图形渲染与修饰等操作。同样，MATLAB 也提供了低级和高级两种类型的文件操作功能，可实现文件的读取、显示、编辑、保存等操作，有效地丰富了日常文件处理的手段，提高文件处理的效率。

3.1　图形的绘制与操作

图形的绘制功能是 MATLAB 的一个强大功能，通过对 MATLAB 图形绘制功能的学习，可以将复杂、抽象的问题变得更加简单而又直观，从而将研究问题的特征可视化。MATLAB 的图形绘制功能强大，不仅可以绘制出二维平面图，也可以绘制出三维立体图像，并通过对图形的线形、色彩、视角等的调控显示出丰富多彩的图像效果。

本节介绍二维图像和三维图像的绘制，并在此基础上，介绍控制各种图形对象的底层绘图操作。

3.1.1　二维图形的绘制

二维图形的绘制是 MATLAB 中图形处理的基础。

1. plot 函数

plot 函数是绘制二维图像最常用的指令，它需要给定一组 x 坐标和与 x 坐标所对应的各个 y 坐标，这样就可以根据给定的坐标绘制二维曲线。plot 函数有以下 3 种调用格式。

1) plot(x, y)命令

此命令中 x 和 y 为向量或矩阵，x 中的数据为横坐标，y 中的数据为纵坐标。

例 3-1　绘制余弦函数 $y=\cos(x)$ 的曲线。

如图 3-1 所示，MATLAB 操作命令如下：

```
x=0:pi/100:2*pi;
y=cos(x);
plot(x,y);
xlabel('x');
```

```
ylabel('y');
```

若 x 为 n 维向量，y 为 $m\times n$ 的矩阵时，用 plot(x,y) 命令在同一图形内得到 m 条不同颜色的连线。图 3-2 中以向量 x 为 m 条连线的公共横坐标，纵坐标为 y 矩阵的 m 个 n 维向量。用 plot(x,y) 命令绘制向量和矩阵曲线，MATLAB 操作命令如下：

```
x=0:pi/100:4*pi;
y=[cos(2*x);sin(x)+2];
plot(x,y);
xlabel('x');
ylabel('y');
legend('cos(2x)','sin(x)+2');
```

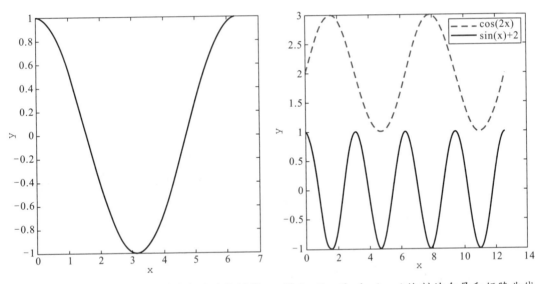

图 3-1　用 plot(x,y) 绘制的余弦函数图像　　图 3-2　用 plot(x,y) 绘制的向量和矩阵曲线

2) plot(y) 命令

此命令中参数 y 可以是向量、实数矩阵或是复数向量，绘制的图形以向量索引为横坐标、以向量元素的值为纵坐标。用 plot(y) 命令绘制向量，如图 3-3 所示，MATLAB 操作命令如下：

```
x=0:pi/100:2*pi;
y=sin(x);
plot(y);
xlabel('x');
ylabel('y');
```

若 y 为实数矩阵，则为绘制 y 的列向量对其坐标索引的图形。用 plot(y) 命令绘制矩阵曲线，如图 3-4 所示，MATLAB 操作命令如下：

```
y=[0 1 2 3;4 5 6 7;8 9 10 11];
```

```
plot(y);
xlabel('x');
ylabel('y');
```

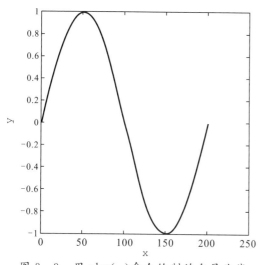

图 3-3 用 plot(y)命令绘制的向量曲线

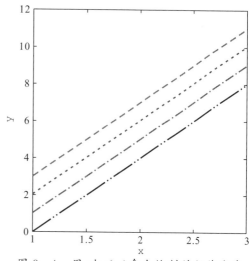

图 3-4 用 plot(y)命令绘制的矩阵曲线

若 y 为复数向量,则绘制的图形以复向量实部为横坐标、以复向量的虚部为纵坐标值。用 plot(y)命令绘制复数向量曲线,如图 3-5 所示,MATLAB 操作命令如下:

```
x=[1:1:100];
y=[1:1:100];
z=x+y.*i;
plot(z);
xlabel('x');
ylabel('y');
```

3)plot(x,y,s)命令

MATLAB 中提供了一些绘图选项,以此来确定所绘制曲线的颜色、线型和点型等。该命令中"s"为字符,可以代表不同的颜色、线型和坐标等。用 plot(x,y,s)命令绘图,如图 3-6 所示,MATLAB 操作命令如下:

```
x=0:pi/100:5*pi;
y=cos(x);
plot(x,y,'k.');
xlabel('x');
ylabel('y');
```

同时也可以运用 plot(x,y,s)命令绘制不同颜色和线型的曲线,如图 3-7 所示,其中,颜色选项见表 3-1,标记符号及线型选项见表 3-2。MATLAB 操作命令如下:

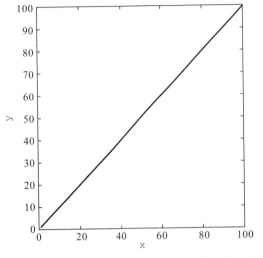
图 3-5 用 plot(y) 命令绘制的复数向量曲线

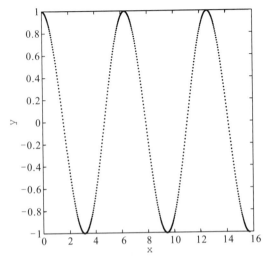
图 3-6 用 plot(x,y,s) 命令绘图

```
x=0:pi/20:6*pi;
y1=sin(x);
y2=cos(x);
plot(x,y1,'k-',x,y2,'r.');
xlabel('x');
ylabel('y');
legend('sin(x)','cos(x)');
```

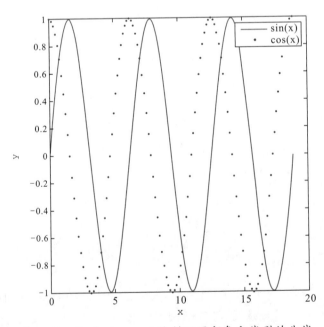
图 3-7 用 plot(x,y,s) 绘制不同颜色和线型的曲线

表 3-1 颜色选项

颜色符号	颜色
b	蓝色
c	青色
g	绿色
k	黑色
m	紫色
r	红色
w	白色
y	黄色

表 3-2 标记符号及线型选项

线型符号 s	线型
.	点
o	圆圈
x	叉号
+	加号
*	星号
—	实线
:	点线
-.	点划线
——	虚线

例 3-2 画出 $y = \sin(t) \cdot \cos(6t)$ 的图形及其包络线。结果如图 3-8 所示，MATLAB 操作命令如下：

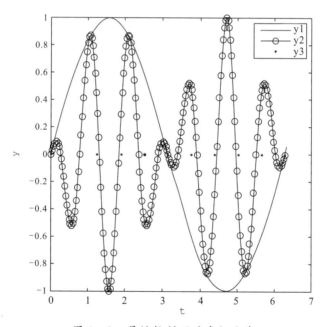

图 3-8 属性控制下的多组曲线

```
t=(0:pi/100:2*pi)';
y1=sin(t);
y2=sin(t).*cos(6*t);
t3=2*pi*(0:10)/10;
y3=sin(t3).*sin(10*t3);
```

```
plot(t,y1,'r:',t,y2,'-bo',t3,y3,'m.');
xlabel('t');
ylabel('y');
legend('y1','y2','y3');
```

2. 特殊图形的绘制

一些常见的二维图形,包括饼状图、极坐标图、条形图、矢量图、彗星图等,MATLAB 都提供了相应的函数或命令。

1)二维饼状图的绘制

在 MATLAB 中,饼状图用来显示矢量或矩阵中每个元素在其所有的总和中所占的百分比,其调用格式是:

$$pie(x)$$
$$pie(x,y)$$

该命令中,x 是一个数值向量,y 是一个可选的逻辑向量。y 描绘了 x 矩阵中相应位置的元素在饼状图中对应的扇形向外移出的量。

例 3-3 用 $pie(x)$ 命令绘制饼状图,如图 3-9 所示,MATLAB 操作命令如下:

```
x=[41 20 62 51 8];
pie(x);
```

例 3-4 用 $pie(x,y)$ 命令绘制饼状图,如图 3-10 所示,MATLAB 操作命令如下:

```
x=[41 20 62 51 8];
y=[0 0 1 0 0];
pie(x,y);
```

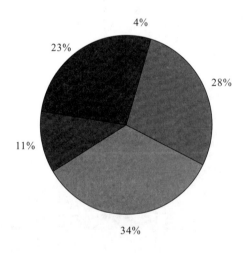 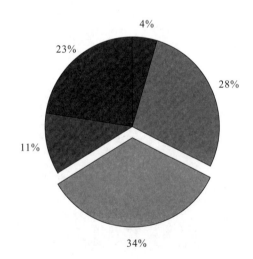

图 3-9 用 $pie(x)$ 命令绘制的饼状图　　图 3-10 用 $pie(x,y)$ 命令绘制的饼状图

2) 极坐标图的绘制

在 MATLAB 中,极坐标图的绘制命令是 polar,其命令格式是:

$$polar(theta,rho,linespec)$$

其中,theta 为极角,rho 为极径,linespec 为参量。linespec 可以指定极坐标图中的线型、颜色和标记符号等。

例 3 - 5 绘制 $y=\sin(2\theta)\cdot\cos(2\theta)$ 的极坐标图。

结果如图 3 - 11 所示,MATLAB 操作命令如下:

```
theta=0:0.02:2*pi;
rho=sin(2*theta).*cos(2*theta);
polar(theta,rho,'g');
```

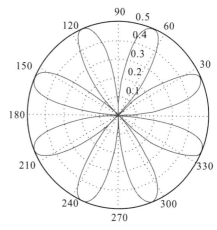

图 3 - 11　用 polar(theta,rho,linespec) 命令绘制的极坐标图

3) 条形图的绘制

在 MATLAB 中,用于绘制条形图的命令有 bar 命令、barh 命令、hist 命令等。其中,bar 命令是用于绘制垂直条形图;barh 命令与 bar 命令基本相似,只是将条形图水平显示;hist 命令用于绘制二维条形直方图,显示数据的分布情况。

a. bar 命令

在 MATLAB 中,bar 命令的调用格式为 bar($x,y,'\cdots'$),该命令中,"$'\cdots'$" 可以设置为条形的相对宽度和间距,也可定义条形的形状类型,亦可用来定义条形的颜色。

例 3 - 6 用 bar 命令绘制条形图。结果如图 3 - 12 所示,MATLAB 操作命令如下。

```
x=-2.5:0.25:2.5;
y=2*exp(-x.*x);
bar(x,y,'r');
xlabel('x');
ylabel('y');
```

b. barh 命令

该命令与 bar 命令基本相似,只是显示结果不同,最终显示水平条形图。

例 3 - 7 将例 3 - 6 中的条形图水平显示,如图 3 - 13 所示,MATLAB 操作命令如下。

```
x=-2.5:0.25:2.5;
y=2*exp(-x.*x);
barh(x,y,'r');
xlabel('y');
ylabel('x');
```

还可以结合 bar 命令和 barh 命令绘制多个条形图,结果如图 3 - 14 所示,MATLAB 操

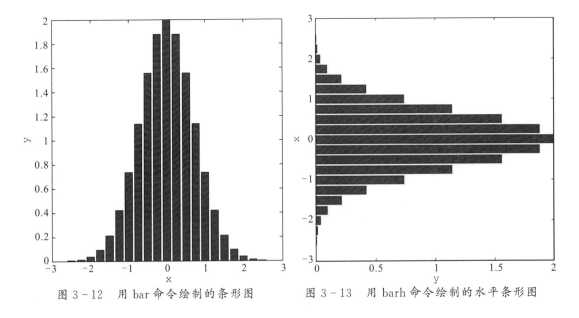

图 3-12 用 bar 命令绘制的条形图　　图 3-13 用 barh 命令绘制的水平条形图

作命令如下。

```
x=round(20*rand(3,4));
subplot(2,2,1);
bar(x,'group');
xlabel('x');
ylabel('y');
title('图1');
subplot(2,2,2);
barh(x,'stack');
xlabel('x');
ylabel('y');
title('图2');
subplot(2,2,3);
bar(x,'stack');
xlabel('x');
ylabel('y');
title('图3');
subplot(2,2,4);
bar(x,0.5);
xlabel('x');
ylabel('y');
title('图1宽度变为0.5');
```

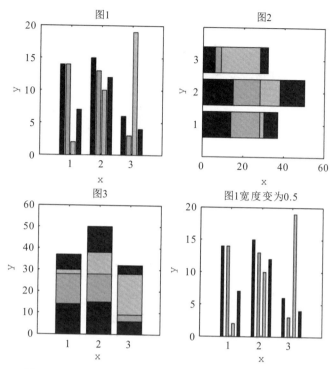

图 3-14 用 bar 命令和 barh 命令绘制多个条形图

4)矢量图

在 MATLAB 中,绘制矢量图的命令是 quiver 命令。其调用格式是:
$$\text{quiver}(x,y,a,b)$$
其中坐标(x,y)用箭头图形绘制向量,(a,b)为相应点的速度分量。特别指出的是(x,y)与(a,b)必须有相同的矩阵大小。

例 3-8 用 quiver 命令绘制矢量图。结果如图 3-15 所示,MATLAB 操作命令如下:

```
[x,y]=meshgrid(-2:.2:2,-2:.2:2);
z=2*y.*exp(-x.^2-y.^2);
[dx,dy]=gradient(z,.2,.2);
contour(x,y,z);
hold on
quiver(x,y,dx,dy);
xlabel('x');
ylabel('y');
```

3.1.2 三维图形的绘制

MATLAB 不仅能够绘制出二维图形,还能运用一些函数来绘制三维图形,这些函数与绘制二维图形的函数基本相似。全节中主要介绍常见的三维图形绘制命令有 plot3、mesh 以及 surf 等命令。

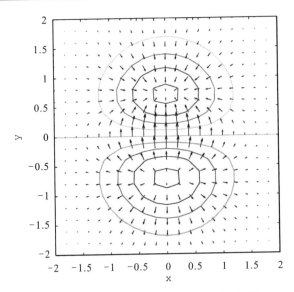

图 3-15 用 quiver 命令绘制的矢量图

1. plot3 命令

plot3 命令用来绘制三维曲线图,其用法基本与二维图形中的 plot 命令相似,在 plot 命令中只需要两个数据参数,而在绘制三维曲线图时需再加上一个数据参数,其基本调用格式如下:

$$\mathrm{plot3}(X,Y,Z,\cdots)$$

其中 X,Y,Z 为向量或矩阵,后面可以加其他定义,比如曲线的线型、颜色和数据点等。

例 3-9 用 plot3 命令绘制一个三维螺旋线,结果如图 3-16 所示,MATLAB 操作命令如下:

```
u=0:pi/50:10*pi;
plot3(sin(u),cos(u),u);
xlabel('x');
ylabel('y');
zlabel('z');
grid on
```

例 3-10 在函数命令中加入一些其他定义,如线型、点型和颜色,绘制一个三维曲线图。结果如图 3-17 所示,MATLAB 操作命令如下:

```
t=(0:0.02:2)*pi;
x=sin(t);y=sin(2*t);z=2*cos(t);
plot3(x,y,z,'g-',x,y,z,'bd');
xlabel('x'),ylabel('y'),zlabel('z');
```

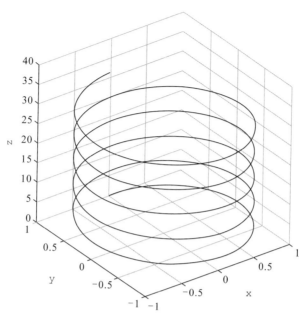

图 3-16 用 plot3 命令绘制的三维螺旋图

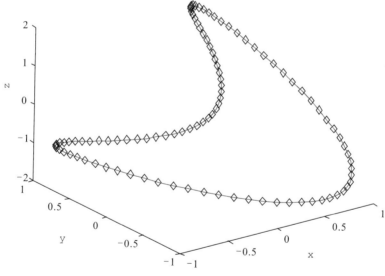

图 3-17 用 plot3 命令绘制的三维曲线图

2. mesh 命令

在 MATLAB 中，mesh 命令用于绘制三维网格图形。其主要调用格式如下：

$$\mathrm{mesh}(X,Y,Z)$$

以 Z 确定网格图的高度和颜色。

$$\mathrm{mesh}(X,Y,Z,C)$$

以 Z 确定网格图的高度，以 C 确定网格图的颜色。

例 3-11 用 mesh 函数绘制三维网格图,结果如图 3-18 所示,MATLAB 操作命令如下:

```
[X,Y]=meshgrid(-2:.2:2,-2:.2:2);   %对 X、Y 数据网格化
Z=X.*exp(-X.^2 -Y.^2);
mesh(X,Y,Z);
xlabel('X');
ylabel('Y');
zlabel('Z');
```

3. surf 命令

surf 命令与 mesh 命令基本相似,区别在于 mesh 命令绘制的是一个三维网格图,而 surf 命令绘制的是着色的三维表面图,也就是说 mesh 命令只是简单地绘制网格点,surf 命令是对网格片着色。

例 3-12 用 surf 命令绘制着色表面图,结果如图 3-19 所示,MATLAB 操作命令如下:

```
x=0:0.2:2*pi;
y=0:0.2:2*pi;
z=sin(x')*cos(2*y);
surf(x,y,z);
xlabel('X');
ylabel('Y');
zlabel('Z');
```

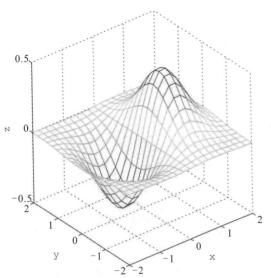

图 3-18 用 mesh 命令绘制的三维网格图

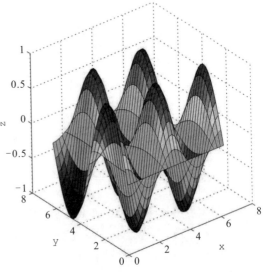

图 3-19 用 surf 命令绘制的着色表面图

4. 其他特殊三维图形

1)cylinder 命令

该命令用于绘制圆柱图形,调用格式一般如下:

$$[X,Y,Z]=\text{cylinder}(r,n)$$

其中,"r"表示一个向量,存放圆柱面各等间高度上的半径,"n"表示圆柱体的圆周有指定的 n 个距离相同的点,一般地,默认值为 20。

例 3-13 用 cylinder 命令绘制圆柱图形,结果如图 3-20 所示,MATLAB 操作命令如下:

```
cylinder(3,30);
xlabel('X');
ylabel('Y');
zlabel('Z');
```

例 3-14 用 cylinder 命令绘制特殊圆柱图形,结果如图 3-21 所示,MATLAB 操作命令如下:

```
t=0:pi/10:5*pi;
[x,y,z]=cylinder(cos(2*t)+2);
surfc(x,y,z);
xlabel('X');
ylabel('Y');
zlabel('Z');
```

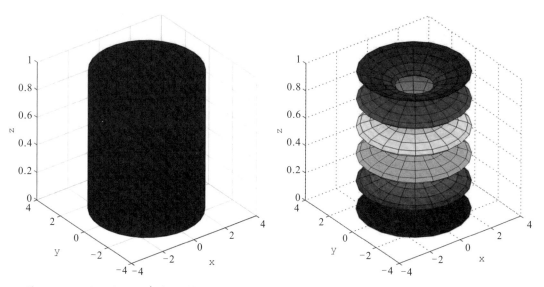

图 3-20 用 cylinder 命令绘制的圆柱图形　　图 3-21 用 cylinder 命令绘制的特殊圆柱图形

2) sphere 命令

sphere 命令用于绘制三维球体,其调用格式如下:

$$[x,y,z]=\text{sphere}(\cdots)$$

该函数默认产生 $(n+1)\times(n+1)$ 矩阵,另外该命令也可结合 surf 命令或 mesh 命令画出球体。

例 3-15 用 sphere 命令绘制球体,结果如图 3-22 所示,MATLAB 操作命令如下:

```
sphere(20);
xlabel('X');
ylabel('Y');
zlabel('Z');
```

例 3-16 用 sphere 命令结合 surf 命令绘制球体,结果如图 3-23 所示,MATLAB 操作命令如下:

```
[x,y,z]=sphere;
surf(x,y,z);
xlabel('X');
ylabel('Y');
zlabel('Z');
```

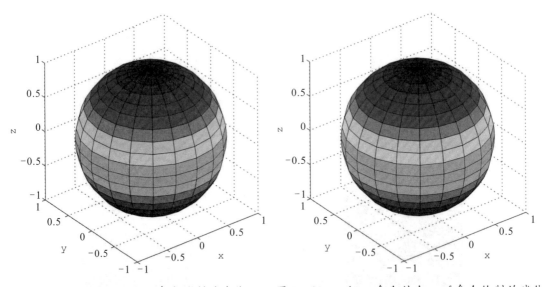

图 3-22 用 sphere 命令绘制的球体　　图 3-23 sphere 命令结合 surf 命令绘制的球体

3) quiver3 命令

quiver3 命令是 MATLAB 中绘制空间向量场图的函数,该函数用箭头直观地显示空间向量场,其调用格式为:

$$\text{quiver3}(x,y,z,u,v,w)$$

其中 x,y,z 是指箭头位置的坐标,u,v,w 分别是向量场沿 3 个坐标轴分量的大小。

例 3 - 17 用 quiver3 命令绘制空间向量场图,结果如图 3 - 24 所示,MATLAB 操作命令如下:

```
[x,y]=meshgrid(-1:0.2:1,-2:0.25:2);
z=x.*exp(-x.^2 -y.^2);
[u,v,w]= surfnorm(x,y,z); %绘制一个曲面及其曲面法向量
quiver3(x,y,z,u,v,w,0.5);
hold on
surf(x,y,z);
axis([-2 2 -2 2 -.5 .5]);
xlabel('X');
ylabel('Y');
zlabel('Z');
```

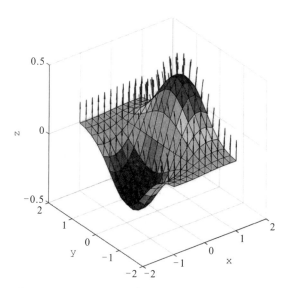

图 3 - 24 用 quiver3 命令绘制的空间向量场图

3.1.3 图形的控制

1. 坐标轴控制

在 MATLAB 中,对坐标轴的控制可以通过设置各种参数来实现。

1) 坐标控制——axis 命令

该命令用于控制坐标轴的刻度范围和对显示形式的控制,用途广泛,表 3 - 3 列出其常用的功能。

表3-3 axis命令常用功能

指令	含义
auto	默认设置
equal	将各坐标轴的刻度设置成相同
manual	使当前坐标范围不变
tight	将坐标范围控制在指定的数据范围内
fill	在 manual 方式下作用,将坐标轴充满整个绘图区
off	取消对坐标轴的一切设置
on	恢复对坐标轴的一切设置
i,j	将坐标设置成矩阵形式,原点在左上角
image	与 equal 相似
square	设置绘图区为正方形
normal	解除对坐标轴的任何限制
x,y	将坐标轴设置成直角坐标系

例3-18 系统自动分配坐标轴所绘制的图形,其MATLAB操作命令如下:

```
x=0:0.2:6;
plot(x,exp(x),'-g*');
xlabel('X');
ylabel('Y');
```

结果如图3-25所示。

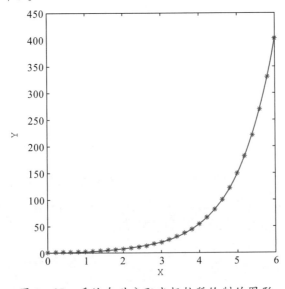

图3-25 系统自动分配坐标轴所绘制的图形

2) 网格控制——grid 命令

该命令用于控制坐标网络,其调用格式有:

(1) grid 是否画分割线的双向切换指令;

(2) grid on 给当前坐标轴添加网格线;

(3) grid off 取消当前坐标轴的网格线。

例 3-19 用 grid on 命令添加网格线,MATLAB 操作命令如下:

```
x=0:0.1*pi:3*pi;
y=2*sin(x);
plot(x,y);
xlabel('X');
ylabel('Y');
grid on
```

结果如图 3-26 所示。

同时可以使用 grid off 函数取消例 3-19 中的网格线,MATLAB 操作命令如下:

```
x=0:0.1*pi:3*pi;
y=2*sin(x);
plot(x,y);
xlabel('X');
ylabel('Y');
grid off
```

结果如下图 3-27 所示。

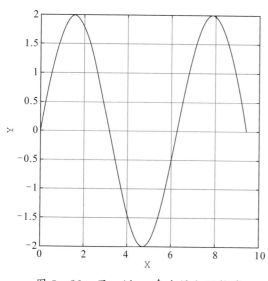

图 3-26 用 grid on 命令添加网格线

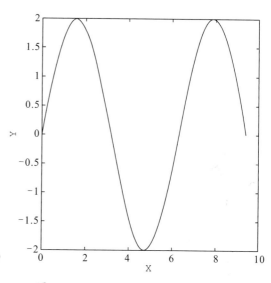

图 3-27 用 grid off 函数取消网格线

3) 坐标框——box 命令

该命令可以使图形四周都能显示出坐标,其调用格式有:

(1) box on 使当前坐标呈封闭状态,在默认状态下,绘制的坐标都是封闭的;

(2) box off 将封闭的坐标打开。

例 3-20 先用 box on 函数绘制一个封闭的坐标图形,MATLAB 操作命令如下:

x=0:0.1*pi:3*pi;

y=2*cos(x);

plot(x,y);

xlabel('X');

ylabel('Y');

box on

结果如图 3-28 所示。

用 box off 函数取消图 3-28 中的坐标,MATLAB 操作命令如下:

x=0:0.1*pi:3*pi;

y=2*cos(x);

plot(x,y);

xlabel('X');

ylabel('Y');

box off

结果如图 3-29 所示。

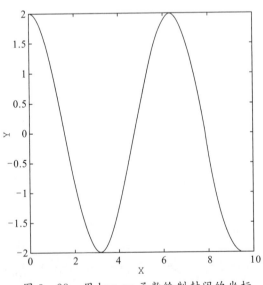

图 3-28 用 box on 函数绘制封闭的坐标

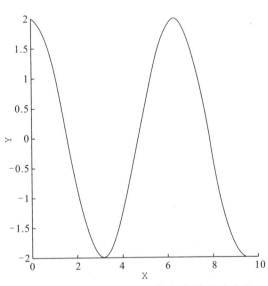

图 3-29 用 box off 函数取消封闭的坐标

2. 图形标识

在没有指定的情况下,绘图时系统会自动地为图形进行简单的标注。在 MATLAB 中使用者也可以根据需要输入命令进行相应的图形标注。

1) 坐标轴与图形标识

对坐标轴和图形进行标识的函数有 xlabel、ylabel、zlabel 和 title,它们的调用格式大体相同,以 xlabel 命令为例:

$$xlabel('string')$$
$$xlabel('fname')$$
$$xlabel(\cdots,'PropertyName',PropertyValue,\cdots)$$

其中,"string"是标注所用的说明语句,"fname"是一个函数名,系统要求该函数必须返回一个字符串作为标注语句。"PropertyName',PropertyValue"用于定义相应标注文本的属性和属性值,包括字体的颜色、大小和粗细等。

例 3-21 对坐标轴和图形进行标注,MATLAB 操作命令如下:

```
x=0:0.1*pi:3*pi;
y=2*sin(x);
plot(x,y)
xlabel('x(0-3\pi)','fontweight','bold');
ylabel('y(0-2)','fontweight','bold');
title('正弦函数 y=2*sin(x)','fontsize',15,'fontweight','bold','fontname','宋体')
```

结果如图 3-30 所示。

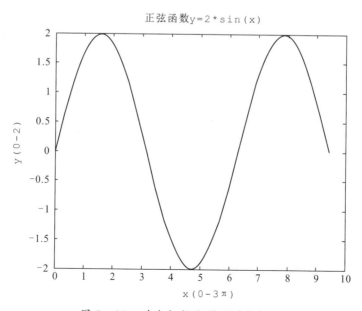

图 3-30 对坐标轴和图形进行标注

3. 图形的修饰

1) 视点处理

三维视图表现的是一个空间内的图形,因此从不同的位置和角度观察图形都会有不同的效果。同样的,从不同的视点绘制三维图形其形状也是不一样的。MATLAB 提供了对图形视点设置的函数 view 命令。

该命令用于指定立体图形的观察点。其调用格式为:

$$view(az, el)$$

其中,"az"为方位角,"el"为仰角,它们的单位都是度(°)。MATLAB 中,系统默认的视点定义为方位角−37.5°,仰角 30°。

例 3-22 从不同视点绘制多峰函数曲面。MATLAB 操作命令如下:

```
[x,y,z] = peaks;%产生一个凹凸的曲面
subplot(221);mesh(z);
xlabel('X');
ylabel('Y');
zlabel('Z');
view(-37.5,30);
title('az = -37.5,el = 30');
subplot(222);mesh(z);
xlabel('X');
ylabel('Y');
zlabel('Z');
view(0,90);
title('az = 0,el = 90')
subplot(223);mesh(z);
xlabel('X');
ylabel('Y');
zlabel('Z');
view(90,0);
title('az = 90,el = 0');
subplot(224);mesh(z);
xlabel('X');
ylabel('Y');
zlabel('Z');
view(-8,-12);
title('az = -8,el = -12');
```

结果如图 3-31 所示。

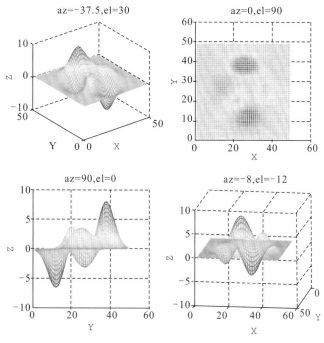

图 3-31　从不同视点绘制多峰函数曲面

2)色彩处理

在 MATLAB 中,图形的颜色是通过颜色映像来处理实现的,即 RGB 色系。颜色映像就是把红色(R)、绿色(G)和蓝色(B)3 个基本色按照不同的比例组合起来,形成新的颜色。颜色映像的数据结构是若干行、三列的矩阵,矩阵元素数值范围为 0 到 1,以此配比组合成不同的颜色。表 3-4 给出了典型的颜色配比方案。

表 3-4　RGB 色系配比方案

原色			组合颜色
红(R)	绿(G)	蓝(B)	
1	0	0	红色
1	0	1	洋红色
1	1	0	黄色
0	1	0	绿色
0	1	1	青色
0	0	1	蓝色
0	0	0	黑色
1	1	1	白色

续表 3-4

原色			组合颜色
红(R)	绿(G)	蓝(B)	
0.5	0.5	0.5	灰色
0.67	0	1	紫色
1	0.5	0	橙色
1	0.62	0.4	铜色
0.49	1	0.83	宝蓝色

一般的线图函数不需要色图来控制其色彩显示,而对于面图函数(mesh,surf 等)则需要调用色图。

MATLAB 中提供了 colormap 函数来对图形窗口色图进行设置和改变,其调用格式为:

$$colormap(MAP)$$

该函数用于把当前的颜色映像设为 MAP,MAP 可以是 MATLAB 提供的颜色映像,也可以是自己定义的颜色映像矩阵。表 3-5 给出了几种常用的色图名称及其产生函数。

表 3-5 常用的色图名称及其产生函数

函数	色图名称
autumn	红黄色图
bone	蓝色调灰度色图
cool	青红浓淡色图
gray	线型灰度色图
hot	黑红黄白色图
hsv	饱和色图
pink	粉红色图
prism	光谱色图
lines	线性色图

例 3-23 使用 colormap 命令控制图形颜色。

```
[x,y,z]=peaks(30);
surf(x,y,z);
xlabel('X');
ylabel('Y');
zlabel('Z');
colormap(hot(128));
```

结果如图 3-32 所示。

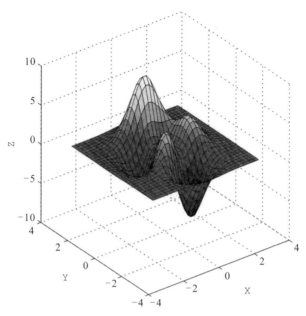

图 3-32 使用 colormap 命令控制图形颜色

此语句是用于定义图形为黑、红、黄、白色图,共定义了 128 种颜色。
也可以利用以下 3 种常用的函数命令来对色图进行控制。
3) shading 命令
该函数用于控制曲面图形的着色方式。调用格式如下:
(1) shading flat,该命令以平滑方式着色;
(2) shading faceted,该命令以平面为着色单位,用系统默认的着色放色;
(3) shading interp,该命令以插值形式为图形的像点着色。
例 3-24 用 shading 命令控制图形的着色方式。MATLAB 操作命令如下:

```
[x,y,z]=peaks; colormap(hsv)
subplot(1,3,1);
surf(x,y,z);
xlabel('X');
ylabel('Y');
zlabel('Z');
subplot(1,3,2);
surf(x,y,z);
xlabel('X');
ylabel('Y');
zlabel('Z');
```

```
shading flat
subplot(1,3,3);
surf(x,y,z);
xlabel('X');
ylabel('Y');
zlabel('Z');
shading interp
```

结果如图 3-33 所示。

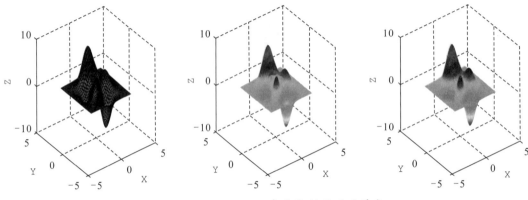

图 3-33 用 shading 命令控制图形的着色

4) caxis 命令

该函数控制数值与色彩间的对应关系及颜色的显示范围。调用格式如下：

(1) caxis([cmin cmax])，该函数在[cmin cmax]范围内与色图的色值相对应，并依此为图形着色。若数据点的值小于 cmin 或大于 cmax，则按等于 cmin 或 cmax 来进行着色。

(2) caxis auto，该函数按照 MATLAB 自动计算出色值的范围设置色图范围。

(3) caxis manual，该函数按照当前的色值范围设置色图范围。

(4) caxis(caxis)，该函数与 caxis manual 实现相同的功能。

(5) v=caxis，该函数返回当前色图的范围的最大值和最小值[cmin cmax]。

例 3-25 利用 caxis 命令绘制图形，MATLAB 操作命令如下。

```
a=peaks(30);
surf(a);
xlabel('X');
ylabel('Y');
zlabel('Z');
caxis([-2 2]);
```

结果如图 3-34 所示。

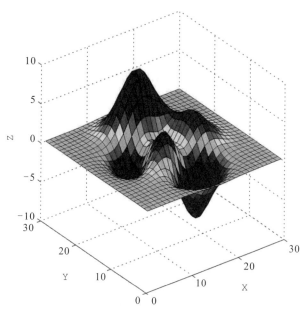

图 3-34 利用 caxis 命令绘制图形

3.2 文件操作

在 MATLAB 中,提供了一系列输入、输出函数专门用于文件的操作,这些函数类似于 C 语言中的函数。

3.2.1 文件的打开与关闭

1. 打开文件

在读写文件之前,无论是要读写 ASCII 码文件还是二进制文件,都必须先用 fopen 函数打开或创建文件,并设置对该文件进行的操作方式。它的基本调用形式如下:

$$fid=fopen(filename,mode)$$

$$[fid,message]=fopen(filename,mode)$$

$$fid=fopen('all')$$

其中,"fid"表示待打开的数据文件,用于存储文件句柄值。如果返回的句柄值大于 0,则说明文件打开成功;如果返回的文件标识是 -1,则代表 fopen 无法打开文件,其原因可能是文件不存在或是用户无打开此文件的权限。"filename"表示要读写的文件名称,对应的是字符串形式,表示待打开的数据文件名称。"message"是 fopen 函数的一个返回值,用于返回无法打开文件的原因。为了安全起见,最好在每次使用 fopen 函数时都测试其返回值是否为有效值。"mode"则表示要对文件进行处理的打开方式。常见的打开方式如表 3-6 所示。

表 3-6 文件处理打开方式

命令	说明
'r'	以只读方式打开文件。该文件必须已存在
'r+'	以读写方式打开文件,打开后先读后写。该文件必须已存在
'w'	打开后写入数据。该文件已存在则更新;不存在则创建
'w+'	以读写方式打开文件,先读后写。该文件已存在则更新;不存在则创建
'a'	在打开的文件末端添加数据。文件不存在则创建
'a+'	打开文件后,先读入数据再添加数据。文件不存在则创建
'W'	以更新文件方式处理时没有自动格式
'A'	以修改文件方式处理时没有自动格式

例 3-26 以只读的方式依次打开 tan 函数、sin 函数、cos 函数和不存在的 sincos 函数的对应文件。

```
[fid1,message1]=fopen('tan.m','r')
fid1 =
    3
message1 =
    ''
[fid2,message2]=fopen('sin.m','r')
fid2 =
    4
message2 =
    ''
[fid3,message3]=fopen('cos.m','r')
fid3 =
    5
message3 =
    ''
[fid4,message4]=fopen('sincos.m','r')
fid4 =
    -1
message4 =
No such file or directory
```

2. 关闭文件

文件在进行读、写等操作后,应及时关闭,以免数据丢失。这时就可以使用 fclose 函数来关闭文件,调用格式为:

$$status = fclose('fid');$$
$$status = fclose('all');$$

其中,"fid"为打开文件的标志。"status"表示关闭文件操作的返回代码,若返回值为 0,则表示成功关闭 fid 标志的文件;若返回值为 −1,则表示无法成功关闭该文件。

一般来讲,在成功完成对文件的读、写操作后就应关闭它,以免造成系统资源浪费。此外,需注意的是打开和关闭文件都比较耗时,因此为了提高程序执行效率,最好不要在循环体内使用。

如果要关闭所有已打开的文件,可以使用 status=fclose('all')命令。

例 3 - 27 关闭已打开的文件,MATLAB 操作命令及结果如下:

```
fid=fopen('cos.m','r')
fid =
     6
status=fclose(fid)
status =
     0
```

例 3 - 28 在 MATLAB 中关闭对应的磁盘文件。

创建文件 mytest.m,然后删除该文件。在 MATLAB 操作命令如下:

```
[fid,message]=fopen('mytest.m','w');
delete mytest.m
```

运行后查看程序代码的结果如下:

```
Warning: File not found or permission denied
```

首先创建了空白文件 mytest.m,并打开对应的文件后,如果直接删除文件,则系统会发出警告。

先关闭文件,然后再删除文件。在 MATLAB 中操作命令及结果如下:

```
status=fclose(fid);
delete mytest.m
[fid,message]=fopen('mytest.m','r+')

fid =
    -1
message =
No such file or directory
```

3.2.2 文件的读、写操作

1. 文本文件

1) 读文本文件

在 MATLAB 中，可以用 fscanf 函数从文件中读取格式化的数据。调用格式为：
$$[A, count] = fscanf(fid, format, size)$$
其中，"fid"是所要读取的文件的文件标志(file ID)；"format"是控制如何读取的格式字符串；"size"为可选项，决定矩阵 A 中数据的排列形式，它可以取下列值：N(读取 N 个元素到一个列向量)、inf(读取整个文件)、$[M,N]$(读数据到 $M \times N$ 的矩阵中，数据按列存放)。

例如：

```
x=facanf(fid,'5d',100)          %从指定文件中读取 100 个整数,并存入向量 x 中
y=fscanf(fid,'5d',[10,10])      %将读取的 100 个整数存入 10×10 矩阵 y 中
A=fscanf(fid,'%s',[4])          %读取前 4 个数据,每个数据的间隔为空格或换行符
C=fscanf(fid,'%g%g',[2,inf])    %读取后面的所有数据,生成一个 2 行的矩阵
```

2) 写文本文件

fprintf 函数可以将数据按指定格式写入到文本文件中。其调用格式为：
$$fprintf(fid, format, A)$$
其中，"fid"为文件句柄，指定要写入数据的文件，"format"是用来控制所写数据格式的格式符，与 fscanf 函数相同，A 是用来存放数据的矩阵。

例 3 - 29 计算当 $x = [0.0, 0.1, 0.2, \cdots, 1.0]$ 时，$f(x) = e^x$ 的值，并将结果写入到文件 my.txt 中。

程序如下：

```
x=0:0.1:1;
y=[x;exp(x)];
fid=fopen('my.txt','w');
fprintf(fid,'%6.2f%12.8f\n',y);
fclose(fid);
```

上述程序段中"%6.2f"是控制 x 的值占 6 位，其中小数部分占 2 位。同样，"%12.8f"是控制指数函数 $\exp(x)$ 的输出格式。由于是文本文件，可以在 MATLAB 命令窗用 type 命令显示其内容：

```
type my.txt
    0.00   1.00000000
    0.10   1.10517092
    0.20   1.22140276
    0.30   1.34985881
    0.40   1.49182470
```

```
0.50    1.64872127
0.60    1.82211880
0.70    2.01375271
0.80    2.22554093
0.90    2.45960311
1.00    2.71828183
```

从此例可以看出,尽管 fprintf 的命令格式与 C 语言中的类似,但主要的区别是:该处变量名只有一个 y,而输出的是 11 行数据,所以说 MATLAB 中的 fprintf 是矢量式的输出。具体见表 3-7。

fprintf 函数在实际运用过程中经常使用一些格式转换指定符,如表 3-7 所示。

表 3-7 函数 fprintf 的格式转换指定符

指定符	描述
%c	单个字符
%d	十进制表示(有符号的)
%e	科学计数法(用到小写的 e,如 3.1416e+00)
%E	科学计数法(用到大写的 E,如 3.1416E+00)
%f	固定点显示
%g	%e 和 %f 中的复杂形式,多余的零将会被舍去
%G	与 %g 类似,只不过要用到大写的 E
%o	八进制表示(无符号的)
%s	字符串
%u	十进制(无符号的)
%h	用十六进制表示(用小写字母 af 表示)
%H	用十六进制表示(用大写字母 AF 表示)

2. 二进制文件的读、写

与 C 语言一样,MATLAB 也可以读、写二进制文件,下面分别介绍读取和写入二进制文件的 MATLAB 函数。

1)读取二进制文件

MATLAB 中函数 fread 可以从文件中读取二进制数据,将每一个字节看成一个整数,将结果写入一个矩阵返回。最基本的调用格式如下:

$$[array,count]=fread(fid,size,precision)$$

$$[array,count]=fread(fid,size,precision,skip)$$

其中,"fid"是用于 fopen 打开的一个文件标识;"array"是读出的包含有数据的数组;"count"

是读取文件中变量的数目;"size"是要读取文件中数据的数目,有3种形式:

(1)n:准确地读取 n 个值。执行完相应的语句后,array 将是一个包含有 n 个值的列向量。

(2)inf:读取文件中所有值。执行完相应的语句后,array 将是一个列向量,包含有从文件中读出的所有值。

(3)[n,m]:从文件中精准地读取 $n \times m$ 个值。array 是一个 $n \times m$ 的数组。如果 fread 到达文件的结尾,而输入流没有足够的位数写满指定精度的数组元素,fread 就会用最后一位的数填充,或用 0 填充,直到得到全部的值。

如果发生了错误,读取将直接到达最后一位。参数 precision 主要包括两部分:一是数据类型的定义,比如 int、float 等;二是一次读取的位数。默认情况下,uchar 是 8 位字符型,常用的精度在表 3-8 中有简单的介绍,且与 C 语言相对应的形式进行了对比。

表 3-8 精度字符串

MATLAB	C 语言	描述
'uchar'	'unsignedchar'	无符号字符型
'schar'	'signedchar'	带符号字符型(8 位)
'int8'	'integer*1'	整型(8 位)
'int16'	'integer*2'	整型(16 位)
'int32'	'integer*4'	整型(32 位)
'int64'	'integer*8'	整型(64 位)
'uint8'	'integer*1'	无符号整型(8 位)
'uint16'	'integer*2'	无符号整型(16 位)
'uint32'	'integer*4'	无符号整型(32 位)
'uint64'	'integer*8'	无符号整型(64 位)
'single'	'real*4'	浮点数(32 位)
'float32'	'real*4'	浮点数(32 位)
'double'	'real*8'	浮点数(64 位)
'float64'	'real*8'	浮点数(64 位)
'bitN'		N 位带符号整数($1 \leqslant N \leqslant 64$)
'ubitN'		N 位无符号整数($1 \leqslant N \leqslant 64$)

例 3-30 读写二进制数据。结果如图 3-35 所示。

首先 MATLAB 中之前默认存在一个 red.m 的文件,其内容如下所示:

a=1:.2:2*pi;
b=cos(2*a);

```
figure(1);
plot(a,b);
xlabel('a');
ylabel('b');
```
用 fread 函数读取上面的文件,操作如下:
```
fid=fopen('red.m','b');
data=fread(fid);
fclose(fid);
```

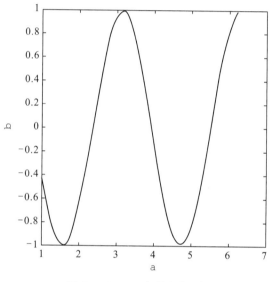

图 3-35 二进制数据图

2) 写入二进制文件

函数 fwrite 的作用是将一个矩阵的元素按所定的二进制格式写入某个打开的文件,并返回成功写入的数据个数。它的基本调用格式如下:

$$count=fwrite(fid,array,precision)$$
$$count=fwrite(fid,array,precision,skip)$$

其中,"fid"是用于 fopen 打开一个文件的文件标识;"array"是写出变量的数组;"count"是写入文件变量的数目;参数"precision"字符串用于指定输出数据的格式。

MATLAB 既支持平台独立的精度字符串(在所有的 MATLAB 运行的电脑上是相同的),也支持平台不独立的精度字符串(在不同类型的电脑上精度也不同)。

这种情况应当只用平台独立的字符串,在本书中出现的字符串均为这种形式。平台独立的精度显示在表 3-8 的精度字符串表中。除了"bitN"和"ubitN"(是以位为单位),所有的这些精度都以字节为单位。

选择性参数"skip"表示指定在每一次写入、输出文件之前要跳过的字节数。在替换有固定长度值的时候,这个参数将非常的有用。需要注意的是,如果"precision"是一个像"bitN"或"ubitN"的一位格式,"skip"则用位当作单位。

例3-31 写入二进制文件。

```
fid=fopen('wrt.bin','w');
count=fwrite(fid,rand(7),'int32');
status=fclose(fid);
status =
    0
```

上面的程序段执行结果是生成一个文件名为 wrt.bin 的二进制文件,包含 7×7 个数据,即 7 阶方阵的数据矩阵,每个数据占用 8 个字节的存储单位,数据类型为整型,输出变量 count 值为 49。由于是二进制文件,所以无法用 type 命令来显示文件内容,如果要查看,可以用以下的命令:

```
fid=fopen('wrt.bin','r');
fid =
    4
data=(fread(fid,49,'int32'));
```

3.2.3 数据文件定位

当打开文件并进行数据的读和写时,需要判断和控制文件的读、写位置,例如判断文件数据是否已经读完,或者需要读、写指定位置上的数据等。MATLAB 可以自动创建一个文件位置来管理和维护读、写文件的起始位置。

1. fseek 函数

用于定位文件位置指针,其调用格式为:
$$status=fseek(fid,offset,origin)$$
其中,"fid"为文件句柄;"offset"表示位置指针相对移动的字节数,若为正整数表示向文件尾部方向移动,若为负整数表示向文件头部方向移动;"origin"表示位置指针移动的参照位置,它有 3 种设置方式,即"cof"或"0"表示文件的当前位置,"bof"或"-1"表示文件的开始位置,"eof"或 1 表示文件的结束位置。若定位成功,"status"返回值为"-1"。

2. ftell 函数

该函数用来查询文件指针的当前位置,其调用格式为:
$$position=ftell(fid)$$
返回值为从文件头到指针当前的字节数。若返回值为"-1"表示获取文件当前位置失效。

3. feof 函数

该函数用来判断当前的文件位置指针是否到达文件尾部,其调用格式为:

$$status = feof(fid)$$

测试结果返回"1"表示当前文件位置指针指向末尾,返回"0"表示没有指向末尾。

4. ferror 函数

该函数用来查询最近一次输入或输出操作中的出错信息,其调用格式为:

$$[message, errnum] = ferror(fid)$$

其中,"message"为返回出错信息,而"errnum"为返回错误信息。

第4章 MATLAB的数值计算

数值计算应用广泛,涉及到各行各业,且随着科技的发展数值计算的信息量越来越大,计算越来越复杂,计算效率要求越来越高。MATLAB软件的优势是矩阵的运算,使用MATLAB编程能轻易地实现大数据量、复杂条件下的高效率数值计算,能有效应对科学和工程中的各种数值计算问题,满足多方面发展的需要。

4.1 数值处理与多项式计算

4.1.1 数据统计与分析

MATLAB的数据统计与分析是按列进行的,包括各列的最大值、最小值等统计和相关分析。相关分析包括计算协方差和相关系数,相关系数越大说明相关性越强。

MATLAB提供了数据分析函数,可以对较复杂的向量或矩阵元素进行数据分析。数据分析按照以下原则:①如果输入是向量,则按整个向量进行运算;②如果输入是矩阵,则按列进行运算。因此,可以将需要分析的数据按列进行分类,而用行表示同类数据的不同样本。

例如,用某年1月中连续4天的温度数据构成4×3的矩阵A,包括最高温度、最低温度和平均温度,如表4-1所示。列按最高温度、最低温度和平均温度进行分类,而行是每天的温度数据样本。

表 4-1 某年 1 月中连续 4 天的温度 （单位：℃）

平均温度	最高温度	最低温度
5.30	13.00	0.40
5.10	11.80	−1.70
3.70	8.10	0.60
1.50	7.70	−4.50

对表4-1的矩阵进行简单的数据统计分析,MATLAB数据统计分析函数及其分析结果如表4-2所示。

表 4-2 MATLAB 数据统计分析函数

函数名	功能	例子结果		
max(X)	矩阵中各列的最大值	5.3000	13.0000	0.6000
min(X)	矩阵中各列最小值	1.5000	7.7000	−4.5000
mean(X)	矩阵中各列平均值	3.9000	10.1500	−1.3000
std(X)	矩阵中各列标准差	3.9000	10.1500	−1.3000
median(X)	矩阵中各列的中间元素	4.4000	9.9500	−0.6500
var(X)	矩阵中各列的方差	3.0667	7.0617	5.6333
C=cov(X)	矩阵中各列间的协方差	3.0667 4.0867 3.0667	4.0867 7.0167 2.7100	3.0667 2.7100 5.6333
S=corrcoef(X)	矩阵中各列的相关系数矩阵,对角线为 x 和 y 的自相关系数	1.0000 0.8810 0.7378	0.8810 1.0000 0.4310	0.7678 0.4310 1.0000
[S,k]=sort(X,n)	沿第 n 维按模增大重新排序, k 为 S 元素的原位置	sort(a,1)= 1.5000 3.7000 5.1000 5.3000	7.7000 8.1000 11.8000 13.0000	−4.5000 −1.7000 0.4000 0.6000

1. 最大值、最小值、平均值、中间值

这几个函数的用法都比较简单,下面的例子用来说明这些函数的用法。

例 4-1 求随机矩阵的最大值、最小值、平均值、中间值,其代码如下。

```
x=1:10;
y=randn(1,10);
hold on;
plot(x,y);
[y_max,I_max]=max(y);
plot(x(I_max),y_max,'*');
[y_min,I_min]=min(y);
plot(x(I_min),y_min,'o');
y_mean=mean(y);
plot(x,y_mean*ones(1,length(x)),':');
y_median=median(y);
plot(x,y_median*ones(1,length(x)),'r-');
```

```
legend('数据','最大值','最小值','平均值','中间值');
xlabel('x');
ylabel('y');
```

由上述语句得到的结果如图 4-1 所示。

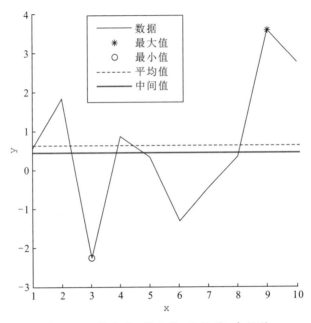

图 4-1 最大值、最小值、平均值、中间值

2. 标准方差和方差

向量 **X** 的标准方差有如下两种定义。

$$s = \left[\frac{1}{N-1}\sum_{k=1}^{N}(X_k - \overline{X})^2\right]^{\frac{1}{2}} \tag{4-1}$$

$$s = \left[\frac{1}{N}\sum_{k=1}^{N}(X_k - \overline{X})^2\right]^{\frac{1}{2}} \tag{4-2}$$

其中,$\overline{X} = \sum_{k=1}^{N} X_k$,$N$ 是向量 **X** 的长度。

MATLAB 中默认使用第一种来计算数据的标准方差。如果要使用第二种来计算标准方差可以调用函数 std(A,1)。

方差是标准方差的平方,对应标准方差。方差也有两种定义。同样 MATLAB 中默认使用式(4-1)来计算数据的方差。如果要使用式(4-2)来计算方差可以调用函数 var(A,1)。

例 4-2 比较两个一维随机变量的标准差和方差,代码设置如下:

```
x1=rand(1,200);
x2=5*x1;
```

```
std_x1=std(x1);
var_x1=var(x1);
std_x2=std(x2);
var_x2=var(x2);
disp(['x2 的标准差与 x1 的标准差之比=' num2str(std_x2/std_x1)]);
disp(['x2 的方差与 x1 的方差之比=' num2str(var_x2/var_x1)]);
```

输出结果如下：

x2 的标准差与 x1 的标准差之比=5

x2 的方差与 x1 的方差之比=25

3. 元素排序

MATLAB 可以对实数、复数和字符串进行排序。对复数矩阵进行排序时，先按复数的模进行排序，如果模相等则按其在区间$[-\pi,\pi]$上的相角进行排序。MATLAB 中实现排序的函数为 sort()。

例 4-3 对复数矩阵排列，代码设置如下：

```
a = [0 -13i 1 i -i -3i 3 -3];
b = sort(a);
```

输出结果如下：

b =

　Columns 1 through 5

　　0.0000 + 0.0000i　　0.0000 - 1.0000i　　1.0000 + 0.0000i　　0.0000 + 1.0000i　　0.0000
- 3.0000i

　Columns 6 through 8

　　3.0000 + 0.0000i　　-3.0000 + 0.0000i　　0.0000 -13.0000i

4. 累加与累乘

设 $U=(u_1,u_2,\cdots,u_n)$ 是一个向量，V、W 是与 U 等长的另外两个向量，并且

$$V = \left(\sum_{i=1}^{1} u_i, \sum_{i=1}^{2} u_i, \cdots, \sum_{i=1}^{n} u_i \right) \qquad (4-3)$$

$$W = \left(\prod_{i=1}^{1} u_i, \prod_{i=1}^{2} u_i, \cdots, \prod_{i=1}^{n} u_i \right) \qquad (4-4)$$

则称 V 为 U 的累加和向量，W 为 U 的累乘积向量。在 MATLAB 中提供了 cumsum 函数和 cumprod 函数求向量与矩阵元素的累加和向量与累乘积向量，它们的调用格式如下。

- B = cumsum(X)：返回向量 X 累加和向量。
- B = cumsum(A)：返回一个矩阵，其第 i 列是向量 A 的第 i 列的累加和向量。
- B = cumsum(A, dim)：当 dim 为 1 时，该函数等同于 cumsum(A)；当 dim 为 2 时，返回一个矩阵，其第 i 行是向量 A 的第 i 行的累加和向量。

- $B = \text{cumprod}(X)$:返回向量 X 累乘积向量。
- $B = \text{cumprod}(A)$:返回一个矩阵,其第 i 列是向量 A 的第 i 列的累乘积向量。
- $B = \text{cumprod}(A,\text{dim})$:当 dim 为 1 时,该函数等同于 $\text{cumsum}(A)$;当 dim 为 2 时,返回一个矩阵,其第 i 行是向量 A 的第 i 行的累乘积向量。

例 4-4 求向量与矩阵的累加和与累乘积示例。

```
cumsum(1:6)      %求向量累加和
ans =
     1     3     6    10    15    21
A = [1 2 3; 4 5 6];
cumsum(A,1)      %求矩阵累加和
ans =
     1     2     3
     5     7     9
cumsum(A,2)
ans =
     1     3     6
     4     9    15
cumprod(1:6)     %求矩阵累乘积
ans =
     1     2     6    24   120   720
cumprod(A,1)     %求矩阵累乘积
ans =
     1     2     3
     4    10    18
cumprod(A,2)
ans =
     1     2     6
     4    20    12
```

5. 相关系数

相关系数的描述为:

$$\text{cof}(x,y) = \frac{\text{cov}(x,y)}{\sqrt{D(x)D(y)}} \tag{4-5}$$

式中,$\text{cov}(x,y)$ 为矩阵 X,Y 的协方差,$D(x)$ 和 $D(y)$ 分别为 X 和 Y 的方差。MATLAB 提供了 corrcoef 函数用于求矩阵的相关系数。其调用格式如下。

- $R = \text{corrcoef}(X)$:计算矩阵 X 的列向量的相关系数矩阵 R。
- $R = \text{corrcoef}(x,y)$:计算列向量 x,y 的相关系数 R。
- $[R,P] = \text{corrcoef}()$:$P$ 为返回不相关的概率矩阵。

- $[\boldsymbol{R},\boldsymbol{P},\text{RLO},\text{RUP}]=\text{corrcoef}()$：RLO、RUP 分别是相关系数为 95% 置信度的估计区间上、下限。
- $[\cdots]=\text{corrcoef}(,'\text{param1}','\text{val1}','\text{param2}','\text{val2}')$：param1、param2 为相关系数的属性名，val1、val2 为相关系数的属性值。

例 4-5 利用 corrcoef 函数计算数据的相关系数，其实现的 MATLAB 代码如下：

```
x=randn(30,4);              %不相关数据创建
x(:,4)=sum(x,2);            %相关介绍
[r,p]=corrcoef(x);          %计算样本相关系数和p值
[I,j]=find(p<0.05);         %查找显著性相关
[I,j]                       %显示行与列指数
r=
    1.0000    0.3110   -0.3536    0.6058
    0.3110    1.0000    0.1318    0.6419
   -0.3536    0.1318    1.0000    0.3145
    0.6058    0.6419    0.3145    1.0000
p=
    1.0000    0.0944    0.0552    0.0004
    0.0944    1.0000    0.4875    0.0001
    0.0552    0.4875    1.0000    0.0906
    0.0004    0.0001   -0.0906    1.0000
ans =
    4    1
    4    2
    1    4
    2    4
```

4.1.2 数据插值

1. 一维插值

一维插值是进行数据分析的重要手段，MATLAB 提供了 interp1 函数进行一维多项式插值，interp1 函数使用多项式技术，用多项式函数通过所提供的数据点，从而计算目标插值点上的插值函数值，其调用格式如下：

$yi=\text{interp1}(\boldsymbol{X},\boldsymbol{Y},xi,\text{method})$：表示对数据向量 $\boldsymbol{X}$ 和 $\boldsymbol{Y}$ 依据选用的方法构造插值函数，并计算 xi 处的函数值，返回给 yi。"method"为指定插值方法，其选项如下。

- "nearest"：最邻近插值。
- "linear"：线性插值，为默认设置。
- "cubic"：三次插值。

- "spline":三次样条插值。

这几种方法在速度、平滑性和内存使用方面有所区别,在使用时可以根据实际需要进行选择,其中:

(1)最邻近法插值是最快的方法,但是利用该方法得到的结果平滑性最差。

(2)线性插值要比最邻近插值占用更多的内存,运行时间也略长。但其生成的结果是连续的,只在顶点处有坡度变化。

(3)三次插值需要更多的内存,而且运行时间比最邻近法插值和线性插值要长。但是,使用此方法时,插值数据及其导数都是连续的。

(4)三次样条插值的运行时间相对来说最长,内存消耗比三次插值略少,其生成的结果平滑性最好。但是,如果输入数据不是很均匀,可能会得到意想不到的结果。

所有的插值方法要求矩阵 X 的元素是单调的,且可不等距。当 X 的元素单调、等距时,使用"nearest""linear""cubic"或"spline"选项可快速得到插值结果。如果 Y 是矩阵,那么 Y 的各列将以 X 为公共横坐标,计算多个[等于 Y 的列数,size(Y,2)]插值函数,输出值 yi 将是 xi 维数乘以 size(Y,2)矩阵。对于超出范围[Xmin,Xmax]的 xi 值,yi 值将返回 NaN。

例 4-6 用两个向量代表从 1900 年到 1990 年美国人口在百万人中的相应普查情况。

其实现的 MATLAB 代码如下:

```
clear all;
t=1900:10:1990;
p=[75.995 91.972 105.711 123.203 131.66 150.697 179.323 203.212 226.505 249.633];
%利用 interp1 函数插值得到 1975 年的普查情况。
s=interp1(t,p,1975);
s=214.8585;
%利用 interp1 函数实现插值,并用三次样条插值得到 1900 年到 1990 年的情况。
x=1900:1:1990;
y=interp1(t,p,x,'spline');
plot(t,p,'o',x,y);
xlabel('年份');
ylabel('人口(百万)');
```

运行程序,结果如图 4-2 所示。

2. 二维插值

二维插值是对两个变量进行的插值,在图像处理和数据可视化方面有着非常重要的应用。MATLAB 提供了两个函数 interp2 和 griddata 来实现此功能。其中 interp2 函数用于对二维网格数据进行插值;griddata 函数用于对二维随机数据点的插值。

1)二维网络数据插值

MATLAB 提供了 interp2 函数实现二维网络数据插值,其调用格式如下:

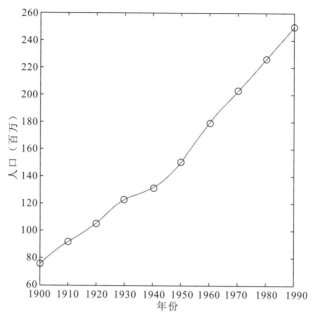

图 4-2　三次样条插值效果

- **Z1**=interp2(**X**,**Y**,**Z**,**X1**,**Y1**)：矩阵 **X** 和 **Y** 指定二维区域数据点，在这些数据点处数据矩阵 **Z** 已知，依此构造插值函数 **Z**=F(**X**,**Y**)，返回在相应数据点 **X1**、**Y1** 处的函数值**Z1**=**F**(**X1**,**Y1**)。对超出范围[$X_{\min}$,$X_{\max}$,$Y_{\min}$,$Y_{\max}$]的 **X1** 和 **Y1** 值，将返回 **Z1**=NaN。
- **Z1**=interp2(**Z**,**X1**,**Y1**)：这里默认的设置为 **X**=1：N，**Y**=1：M，其中[M,N]=size(**Z**)。即 N 为矩阵 **Z** 的行数，M 为矩阵 **Z** 的列数。
- **Z1**=interp2(**X**,**Y**,**Z**,**X1**,**Y1**,method)：这里"method"指定插值的方法，与一维插值相同。

所有插值方法要求 **X** 和 **Y** 的元素是单调的（即单调递增或单调递减）且可不等距。当 **X** 和 **Y** 的元素单调、等距时，使用"nearest""linear""cubic"或"spline"选项可快速得到插值结果。对一元向量 **X1** 和 **Y1**，应先使用语句[**X1**,**Y1**]=meshgrid(xi,yi)生成数据点矩阵 **X1** 和 **Y1**。

例 4-7　利用 interp2 实现更精细的峰值的网格功能。

其实现 MATLAB 代码如下：

```
clear all;
[X,Y]=meshgrid(-3:.25:3);
Z=peaks(X,Y);
[XI,YI]=meshgrid(-3:.125:3);
ZI=interp2(X,Y,Z,XI,YI);
mesh(X,Y,Z),hold,mesh(XI,YI,ZI+15);
```

```
hold off
axis([-3 3 -3 3 -5 20]);
xlabel('x');
ylabel('y');
zlabel('z');
```

运行程序,结果如图 4-3 所示。

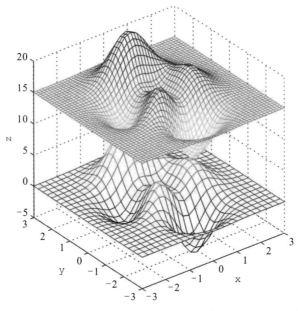

图 4-3 峰值插值效果

2)二维随机数据点插值

通过上面的例子可以看出,interp2 函数能够较好地进行二维插值运算。但该函数有一个重要的缺陷,就是它只能处理以网格形式给出的数据。如果已知数据不是以网格形式给出的,则该函数对二维插值运算无能为力。在实际应用中,大部分问题都是以实测的多组点(xi,yi,zi)给出的,所以不能直接使用函数 interp2 进行二维插值。

MATLAB 提供了 griddata 函数用来专门解决这样的问题,其调用格式如下:

• **Z1**=griddata(x,y,z,**X1**,**Y1**):其中 x、y、z 是已知的样本点坐标,这里并不要求是网格型的,可以是任意分布的,均由向量给出,**X1**、**Y1** 是期望的插值位置、单个点、向量或网格型矩阵,得出的矩阵 **Z1** 的维度和 **X1**、**Y1** 一致,表示插值的结果。

• [**X1**,**Y1**,**Z1**]=griddata(x,y,z,**X1**,**Y1**):这里[**X1**,**Y1**]=meshgrid(**X1**,**Y1**)。

• […]=griddata(…,method):这里"method"是指下列方法之一。

"nearest":最邻近插值。

"linear":双线性插值,为默认设置。

"cubic":双三次插值。

"spline":样条插值。

"v4":MATLAB 4.0 版本中提供的插值算法。

当 linear 方法和 nearest 方法用于生成曲面函数为不连续的一阶导数时,cubic 方法和 v4 方法将生成光滑曲面。除 v4 方法外,所有的方法都基于数据的 Delaunay 三角剖分。

例 4-8 利用 griddata 函数绘制在 100 个随机样点数据中加减 2 的随机点的插值效果图,其实现的 MATLAB 代码如下:

```
clearall;
rand('seed',0);
x=rand(100,1)*4-2;
y=rand(100,1)*4-2;
z=x.*exp(-x.^2-y.^2);
ti=-2:.25:2;
[XI,YI]=meshgrid(ti,ti);
ZI=griddata(x,y,z,XI,YI);
mesh(XI,YI,ZI);
hold;
plot3(x,y,z,'o');
xlabel('x');
ylabel('y');
zlabel('z');
hold off;
```

运行程序,结果如图 4-4 所示。

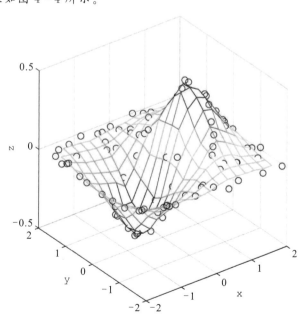

图 4-4 随机数据点的插值效果图

4.1.3 曲线拟合

在科学技术及生产实践中,常常需要寻找某些参量之间的定量关系式,即由已知数据确定经验或半经验的数学模型,以便分析预测。

当有些参量之间的数学关系式不能从理论上导出或者理论公式过于复杂时,常用的方法是将观测到的离散数据标记在平面图上。在一个变量的情况下,将描成一条光滑的曲线(也包括直线或者对数坐标下的直线等)。

为了进一步分析,常常希望将曲线用一个简单的数学表达式加以描述,这就是曲线拟合,或者说经验建模。

曲线拟合的最小二乘法——线性最小二乘法

所谓曲线拟合就是函数逼近(包括连续函数和离散函数,后者是主要的),其方法(包括逼近手段和逼近优劣的判据)有多种。这里主要介绍线性最小二乘法。

对于多变量离散函数$(y_i, x_{ij})(i=1,2,\cdots,p; j=1,2,\cdots,m)$常常利用线性最小二乘法拟合为线性的多元函数,即

$$Y = BF(X) \tag{4-6}$$

其中,$\boldsymbol{Y} = y$ 为因变量,只有一个;$\boldsymbol{X} = [x_1, x_2, \cdots, x_p]^T$ 为自变量,共 p 个;$\boldsymbol{B} = [b_1, b_2, \cdots, b_n]^T$ 为待定系数,共 n 个;$F(\boldsymbol{X}) = [f_1, f_2, \cdots, f_n]^T$ 为 $\boldsymbol{X}$ 的函数关系式,共 n 个。

式(4-6)写作标量形式如下:

$$y = \sum_{k=1}^{n} b_k f_k(x_1, x_2, \cdots, x_p) = b_1 f_1(x_1, x_2, \cdots, x_p) + \cdots + b_n f_n(x_1, x_2, \cdots, x_p) \tag{4-7}$$

可以看出,待定系数 $\boldsymbol{B}$ 在上式中处于与 y 呈线性相关的位置,因此称上式为线性多元函数,对这类函数的最小二乘法拟合称为线性最小二乘法。应当特别指出,在线性多元函数中 $F(\boldsymbol{X}) = [f_1(x_1, x_2, \cdots, x_p), \cdots, f_n(x_1, x_2, \cdots, x_p)]$ 不一定是线性的,而且往往是非线性的。

在 MATLAB 中,最小二乘法拟合用函数 polyfit()对一组数据进行定阶数的多项式拟合,其基本用法为 $p = \text{polyfit}(x, y, n)$。用最小二乘法对输入的数据 x 和 y 用 n 阶多项式进行逼近,函数返回多项式的系数,为一个长度为 $n+1$ 的向量,包含多项式的系数。

$[p, s] = \text{polyfit}(x, y, n)$ 函数不仅返回多项式的系数向量 p,还返回用函数 polyfit()获得的误差分析报告,保存在结构体变量 S 中。

在多项式拟合中,如果 n 的值为1,就相当于用最小二乘法进行直线拟合。

例 4-9 某实验中测得一组数据,其值如下:

x	1	2	3	4	5
y	1.2	1.8	2.4	3.9	4.5

已知 x 和 y 成线性关系,即 $y=kx+b$,求系数 k 和 b。程序代码如下:

```
x=[1 2 3 4 5];
y=[1.2 1.8 2.4 3.9 4.5];
[p,s]=polyfit(x,y,1);
y1=polyval(p,x);
plot(x,y1);
xlabel('x');
ylabel('y');
hold on
plot(x,y,'b* ');
p =
    0.8700    0.1500
s =
    R: [2x2 double]
    df: 3
    normr: 0.4930
```

结果如图 4-5 所示。

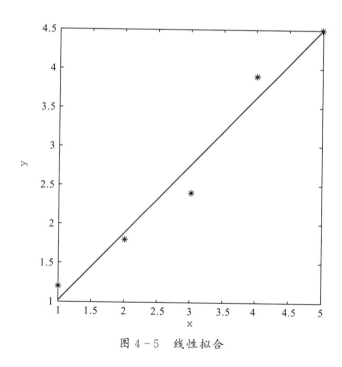

图 4-5 线性拟合

例 4-10 计算函数 $f(x)=\dfrac{1}{1+2x^2}$,在 $[-2,2]$ 区间上分别进行 4 阶和 10 阶多项式拟合。其代码具体如下:

```
x=-2:0.2:2;
y=1./(1+2*x.^2);
p4= polyfit(x,y,4);  %用向量 x 和 y 中的元素拟合不同次数的多项式
p10= polyfit(x,y,10);
xcurve= -2:0.02:2;
p4curve=polyval(p4,xcurve);%计算在这些 x 点的多项式
p10curve=polyval(p10,xcurve);
plot(xcurve,p4curve,'r-- ',xcurve,p10curve,'b-.',x,y,'k*');
xlabel('x');
ylabel('y');
legend('L4(x)','L10(x)','*');
p4 =
    0.0906   -0.0000   -0.5296    0.0000    0.8464
p10 =
   -0.0131   -0.0000    0.1504    0.0000   -0.6569   -0.0000    1.3813    0.0000
   -1.5183   -0.0000    0.9826
```

结果如图 4-6 所示。

通过拟合结果可以看出,多项式拟合阶数越高的多项式精度越好,10 阶多项式基本经过所有的点。

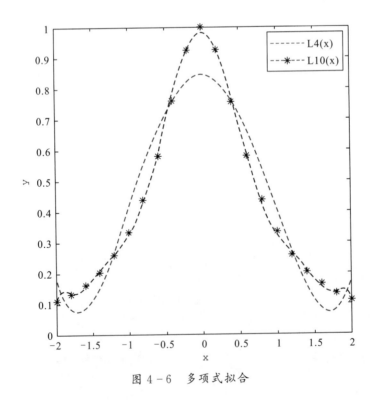

图 4-6 多项式拟合

例 4-11 用 8 阶多项式来逼近函数 $y=\sin(2x)$。在此例中,用 $[0,2]$ 区间上的数据来生成多项式,而在 $[0,6]$ 区间上画图,看看在哪些区域多项式能与函数很好的拟合。其代码具体如下:

```
x=0:0.2:2;
y=sin(2*x);
p=polyfit(x,y,8)
x1=0:0.2:6;
y1=polyval(p,x1);
y2=sin(x1);
plot(x1,y1,'k* ',x1,y2,'k-');
xlabel('x');
ylabel('y');
legend('polyfit','sin(x)');
p =
    0.0052   -0.0325    0.0004    0.2767   -0.0123   -1.3268   -0.0016    2.0001   -0.0000
```

结果如图 4-7 所示。

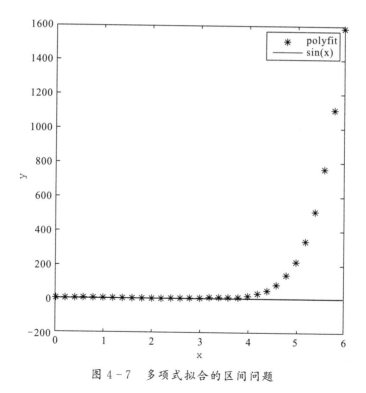

图 4-7 多项式拟合的区间问题

由图 4-7 可知,多项式在区间 $[0,3]$ 上与函数 $y=\sin(2x)$ 拟合得比较好,在区间 $[3,4]$

以内也没问题,但是在离拟合区间比较远的地方如 5 以后,差别就明显了。因而在拟合区间以外,用拟合所得的多项式来求某处的函数值不一定得到正确的结果。

4.1.4 多项式运算

在 MATLAB 中,一元高阶多项式表示为按其幂指数降序排列的系数的行向量。如 n 次多项式为:

$$f(x)=a_0 x^n + a_1 x^{n-1} + \cdots + a_{n-1} x + a_n \qquad (4-8)$$

在 MATLAB 中表示为向量形式,即 $[a_0, a_1, \cdots, a_{n-1}, a_n]$。$n$ 阶多项式用一个长度为 $n+1$ 的行向量表示,缺少的幂次项系数为 0,但是不能缺项。

1. 多项式的四则运算

多项式的四则运算主要是多项式的加、减、乘、除运算。需要注意的是相加、减的两个向量必须大小相等。阶次不同时,低阶多项式必须用零来填补,使其与高阶多项式有相同的阶次。多项式的加、减运算直接用"＋""－"符号来实现。而多项式的乘法运算,MATLAB 提供了 conv 函数来实现,除法运算提供了 deconv 函数来实现。它们的调用格式如下。

- c＝conv(a,b):执行 a、b 两个向量的卷积运算。
- c＝conv($a,b,$'shape'):按形参 shape 返回卷积运算,shape 的取值如下。
  full 为返回完整的卷积,其为默认值;
  same 为返回部分卷积,其大小与向量 a 大小相等;
  Valid 返回无填充零部分的卷积,输出向量 c 最大值 max(length(a)－max(0, length(b)－1),0)。
- [q,r]＝deconv(v,u):执行 v,u 两个向量的解卷。

例 4-12 多形式的四则运算。

其实现的 MATLAB 代码如下:

```
clearall;
u=[1 2 3 4];
v=[5 13 30 0];
A=poly2sym(u+v)              %多项式的加法运算
A =
6*x^3 + 15*x^2 + 33*x + 4
A=poly2sym(u-v)              %多项式的减法运算
A =
- 4*x^3 - 11*x^2 - 27*x + 4
C=conv(u,v)                  %多项式的乘法运算
C =
     5    23    71   119   142   120     0
C=poly2sym(C)                %多项式的乘法运算
```

```
C =
5*x^6 + 23*x^5 + 71*x^4 + 119*x^3 + 142*x^2 + 120*x
D=poly2sym(deconv(u,v))            %多项式的除法运算
D =
1/5
```

2. 微积分运算

在 MATLAB 中有专门函数 polyder 来实现多项式的微分运算,如下所示。

- $k=\text{polyder}(p)$:对多项式 p 进行微分运算。
- $k=\text{polyder}(a,b)$:对多项式 a 与 b 乘法结果进行微分运算。

一般通过子式 $[p./\text{length}(p):-1:1,k]$ 来进行积分运算。

例 4-13 对多项式 $f(a,b)=(3x^2+6x+9)(x^2+2x)$ 进行微积分运算。

其实现的 MATLAB 代码如下:

```
clear all;
a=[3 6 9];
b=[1 2 0];
k=polyder(a,b)
k =
   12    36    42    18
```

所以,微分后得到的多项式为

$$g(x)=12x^3+36x^2+42x+18 \tag{4-9}$$

对微分多项式 $g(x)$ 进行积分运算的代码如下:

```
s=length(k):-1:1
s =
    4    3    2    1
p=[k./s,0]
p =
    3    12    21    18    0
```

所以,得到多项式 $g(x)=12x^3+36x^2+42x+18$ 的积分为

$$f(x)=3x^4+12x^3+21x^2+18x+C \tag{4-10}$$

3. 多项式的求值、求根和部分分式展开

1) 多项式求值

函数 polyval 可以用来计算多项式在给定变量时的值,是按数组运算规则进行计算的。其语法如下:

$$\text{polyval}(p,s)$$

其中,p 为多项式,s 为给定矩阵。

例 4-14 计算 $p(x)=x^3+21x^2+20x$ 多项式的值。其实现的 MATLAB 代码如下：

```
p1=[1 21 20 0];
polyval(p1,2)            %计算 x=2 时多项式的值
ans =
   132
x=0:0.5:3;
polyval(p1,x)            %计算 x 为向量时多项式的值
ans =
        0   15.3750   42.0000   80.6250  132.0000  196.8750  276.0000
```

也可以用 polyvalm(p,s) 函数计算多项式的值，但与 polyval 函数不同的是 polyvalm 函数按矩阵运算规则计算，s 必须为方阵。

2) 多项式求根

多项式求根的方法如下。

(1) roots 用来计算多项式的根。其语法如下：

$$r = \text{roots}(p)$$

其中，p 为多项式；r 为计算的多项式的根，以列向量的形式保存。

(2) 与函数 roots 相反，可以用 poly 函数根据多项式的根计算多项式的系数。其语法如下：

$$p = \text{poly}(r)$$

例 4-14 续 计算多项式 $p(x)=x^3+21x^2+20x$ 的根，以及由多项式的根得出系数。

```
roots(p1)                %计算多项式的根
ans =
    0
   -20
   -1
poly([0;-20;-1])         %计算多项式的系数
ans =
    1    21    20    0
```

3) 部分分式展开

在控制系统的分析中，经常需要将由分母多项式和分子多项式构成的传递函数进行部分分式展开。可以用 residue 函数实现对分式表达式进行多项式的部分分式展开

$$\frac{B(s)}{A(s)} = \frac{r_1}{s-p_1} + \frac{r_2}{s-p_2} + \cdots + \frac{r_n}{s-p_n} + k(s) \tag{4-11}$$

其语法如下：

$$[r,p,k] = \text{residue}(b,a)$$

其中，b 和 a 分别是分子和分母多项式系数行向量；r 为 $[r_1 r_2 \cdots r_n]$ 留数行向量；p 为 $[p_1 p_2 \cdots p_n]$ 极点行向量；k 为直项行向量。

例 4-14 续 将表达式 $\dfrac{100(s+2)}{s(s+1)(s+20)}$ 进行部分分式展开。其实现的 MATLAB 代码如下：

```
p1=[1 21 20 0];
p3=[100 200];
[r,p,k]=residue(p3,p1)
r =
   -4.7368
   -5.2632
   10.0000
p =
   -20
    -1
     0
k =
    []
```

程序分析：表达式 $\dfrac{100(s+2)}{s(s+1)(s+20)}$ 展开结果为 $\dfrac{-4.7368}{s+20}+\dfrac{-5.2632}{s+1}+\dfrac{10}{s}$。

4.2 数值微积分

4.2.1 数值微分

一般来说，函数的导数依然是一个函数。设函数 $f(x)$ 的导数 $f'(x)=g(x)$，高等数学关心的是 $g(x)$ 的形式和性质，而数值分析关心的问题是怎样计算 $g(x)$ 在一串离散点 $\boldsymbol{X}=(x_1,x_2,\cdots,x_n)$ 的近似值 $\boldsymbol{G}=(g_1,g_2,\cdots,g_n)$ 以及所计算的近似值有多大误差。

1. 数值差分和差商

任意函数 $f(x)$ 在 x 点的导数是通过极限定义的，有三种定义形式：

$$\begin{cases} f'(x)=\lim\limits_{h\to 0}\dfrac{f(x+h)-f(h)}{h} & \text{向前差分} \\ f'(x)=\lim\limits_{h\to 0}\dfrac{f(x)-f(x-h)}{h} & \text{向后差分} \\ f'(x)=\lim\limits_{h\to 0}\dfrac{f(x+h/2)-f(x-h/2)}{h} & \text{中心差分} \end{cases} \quad (4-12)$$

式(4-12)中均假设 $h>0$，如果去掉等式右端的 $h\to 0$ 的极限过程，并引进记号，即

$$\begin{cases} \Delta f(x)=f(x+h)-f(x) \\ \nabla f(x)=f(x)-f(x-h) \\ \delta f(x)=f(x+h/2)-f(x-h/2) \end{cases} \quad (4-13)$$

称 $\Delta f(x)$、$\nabla f(x)$ 及 $\delta f(x)$ 分别为函数在 x 点处以 $h(h>0)$ 为步长的向前差分、向后差分和中心差分。当步长 h 充分小时,有

$$\begin{cases} f'(x) \approx \dfrac{\Delta f(x)}{h} \\ f'(x) \cong \dfrac{\nabla f(x)}{h} \\ f'(x) \approx \dfrac{\delta f(x)}{h} \end{cases} \tag{4-14}$$

和差分一样,称 $\Delta f(x)/h$、$\nabla f(x)/h$ 及 $\delta f(x)/h$ 分别为函数在 x 点处以 $h(h>0)$ 为步长的向前差商、向后差商和中心差商。当步长 $h(h>0)$ 充分小时,函数 $f(x)$ 在点 x 的微分接近于函数在该点的任意种差分,而 $f(x)$ 在点 x 的导数接近于函数在该点的任意种差商。

2. 数值微分的实现

用两种方式计算任意函数 $f(x)$ 在给定点 x 的数值导数。第一种方式是用多项式或样条函数 $g(x)$ 对 $f(x)$ 进行逼近(插值或拟合),然后用逼近函数 $g(x)$ 在点 x 处的导数作为 $f(x)$ 在点 x 处的导数;第二种方式是用 $f(x)$ 在点 x 处的某种差商作为其导数。在 MATALB 中,没有直接提供求数值导数的函数,只有计算向前差分的函数 diff,其调用格式如下。

DX=diff(**X**):计算向量 **X** 的向前差分,**DX**(i)=**X**(i+1)−**X**(i),i=1,2,…,n−1。

DX=diff(**X**,n):计算 **X** 的 n 阶向前差分。例如,diff(**X**,2)=diff(diff(**X**))。

DX=diff(**A**,n,dim):计算矩阵 **A** 的 n 阶差分。Dim=1(默认状态),按列计算差分;dim=2,按列计算差分。

例 4-15 设 x 由 $[0,2\pi]$ 间均匀分布的 10 个点组成,求 $\sin x$ 的 1 到 3 阶差分。

程序代码如下:

```
X=linspace(0,2* pi,10);
Y=sin(X);
DY1=diff(Y);
DY2=diff(Y,2);
DY3=diff(Y,3);
```

输出结果分别是:

```
X =
     0    0.6981    1.3963    2.0944    2.7925    3.4907    4.1888    4.8869
5.5851    6.2832
   DY1 =
     0.6428    0.3420   -0.1188   -0.5240   -0.6840   -0.5240   -0.1188    0.3420
0.6428
   DY2 =
    -0.3008   -0.4608   -0.4052   -0.1600    0.1600    0.4052    0.4608    0.3008
```

```
DY3 =
 - 0.1600    0.0556    0.2452    0.3201    0.2452    0.0556   - 0.1600
```

4.2.2 数值积分

考虑定积分 $\int_a^b f(x)dx$ 求解。将区间 $[a,b]$ 进行 n 等分,步长 $h=(b-a)/n$,取等距节点

$$x_k = a + kh \quad (k=0,1,\cdots,n) \tag{4-15}$$

利用这些节点作 $f(x)$ 的 n 次拉格朗日插值多项式

$$L_n(x) = \sum_{k=0}^{n} l_k(x) f(x_k) \tag{4-16}$$

其中,$l_k(x)$ 是拉格朗日基函数,均为 n 次多项式。以 $L_n(x)$ 代替 $f(x_k)$ 计算定积分,得到的求积公式称为牛顿-柯特斯(Newton-Cotes)公式,具体如下

$$\int_a^b f(x)dx \approx l_n(f) = \sum_{k=0}^{n} A_k f(x) \tag{4-17}$$

其中系数

$$A_k = \int_a^b l_k(x)dx \quad (k=0,1,\cdots,n) \tag{4-18}$$

当 $n=1$ 时,拉格朗日插值是一条直线,这时求积节点为 $x_0=a$,$x_1=b$,令 $h=(b-a)/2$,确定求积系数 $A_0=A_1=h/2$,得到如下求积公式称为梯形公式

$$I_1(f) = \frac{2}{h} [f(a) + f(b)] \tag{4-19}$$

可以验证,梯形公式仅具有一次代数精度,并且它的余项为

$$R_1(f) = -\frac{h^3}{12} f''(\eta), \eta \in (a,b) \tag{4-20}$$

当 $n=2$ 时,拉格朗日插值是抛物线,这时求积节点为 $x_0=a$,$x_1=(a+b)/2$,$x_2=b$,令 $h=(b-a)/2$,确定系数 $A_0=A_1=h/3$,$A_1=4h/3$,得到如下求积公式称为辛普森(Simpson)公式

$$I_2(f) = \frac{h}{3} \left[f(a) + 4f\left(\frac{a+b}{2}\right) + f(b) \right] \tag{4-21}$$

易证明辛普森公式具有三次代数精度,且它的余项为

$$R_2(f) = -\frac{h^5}{90} f^{(4)}(\eta), \eta \in (a,b) \tag{4-22}$$

类似地,$n=4$ 时得到的求积公式称为柯特斯公式。

梯形公式和辛普森公式是牛顿-柯特斯公式最简单的两种情况。虽然 $n=2$ 时辛普森公式的精度高于 $n=1$ 时的梯形公式,但并不是 n 越大,牛顿-柯特斯公式的精度越高。这是由于高阶多项式插值的数值不稳定性造成的。

MATLAB 中分别有一元函数的数值积分和二元函数重积分的数值计算。这里主要介绍一元函数的数值积分,方法有梯形法数值积分法:trapz;自适应 Simpson 积分法:quad、 quadl、quad8。

1. 梯形法数值积分

梯形法数值积分采用的 trapz 命令有以下几种格式。

1) $T = \text{trapz}(Y)$

用等距梯形法近似计算 Y 的积分。若 Y 是一个向量,则 trapz(Y) 为 Y 的积分;若 Y 是一个矩阵,则 trapz(Y) 为 Y 的每一列的积分;若 Y 是一个多维阵列,则 trapz(Y) 沿着 Y 的第一个非单元集的方向进行计算。

2) $T = \text{trapz}(X, Y)$

用梯形法计算 Y 在 X 点上的积分。若 X 为一个列向量,Y 为矩阵,且 size(Y, 1) = length(X),则 trapz(X, Y) 表示通过 Y 的第一个非单元集方向进行计算。

3) $T = \text{trapz}(\cdots, \text{dim})$

沿着 dim 指定的方向对 Y 进行积分。若参量中包含 X,则应有 length(X) = size(Y, dim)。

例 4-16 求定积分 $\int_{-1}^{1} \dfrac{1}{1+2x^2} \mathrm{d}x$ 的值,其 MATLAB 代码如下:

```
X=-1:.1:1;
Y=1./(1+2*X.^2);
T=trapz(X,Y)
T =
1.3503
```

2. 自适应 Simpson 积分法

MATLAB 中梯形法数值积分采用的几种命令及格式如下:

(1) $q = \text{quad}(\text{fun}, a, b)$

近似地从 a 到 b 计算函数 fun 的数值积分。误差为 10^{-6}。若给 fun 输入向量 x,应返回向量 y,即 fun 是一单值函数。

(2) $q = \text{quad}(\text{fun}, a, b, \text{tol})$

用指定的绝对误差 tol 代替缺省误差。tol 越大,函数计算的次数越少,速度越快,但结果精度变低。

(3) $q = \text{quad}(\text{fun}, a, b, \text{trace}, p_1, p_2, \cdots)$

将可选参数 $p_1, p_2, \cdots$ 等传递给函数 fun($x, p_1, p_2, \cdots$),再作数值积分。若 tol=[ ] 或 trace=[ ],则用缺省值进行计算。

(4) $[q, n] = \text{quad}(\text{fun}, a, b, \cdots)$

同时返回函数计算的次数 n。

(5) $[q, n] = \text{quadl}(\text{fun}, a, b, \cdots)$

用高精度进行计算,效率可能比 quad 更好。

(6) $[q,n]$=quad8(fun,a,b,…)

该命令是将废弃的命令,用 quadl 代替。

例 4-17 求定积分 $\int_0^2 \frac{x^2}{x^3-x^2+3}dx$ 代码如下。

```
fun=inline('x.^2./(x.^3-x.^2+3)');
Q1=quad(fun,0,2)
Q2=quadl(fun,0,2)
Q1 =
    0.6275
Q2 =
    0.6275
```

例 4-18 分别采用梯形算法和辛普森公式法求 $\int_0^{\pi/2} \cos(x)\,dx$。

(1) 将 (0,pi/2) 10 等分,步长为 pi/20,按梯形法算法计算。利用 trapz(x) 函数进行积分。trapz(x) 的功能是输入数组 x,输出为按梯形公式计算的 x 的积分。这是 MATLAB 中常用的数值积分方法。

在命令区中输入如下代码。

```
m=pi/20;
x=0:m:pi/2;
y=sin(x);
z=trapz(y)*m;
```

得到下面的结果:

```
z =
    0.9979
```

(2) 辛普森公式法:使用 quad(fun,a,b) 函数命令。它将计算以 fun.m 命令的函数在区间 (a,b) 上的积分,自动选择步长。相对误差为 1E-3。

在命令区输入如下代码。

```
z=quad('cos',0,pi/2)
```

得到的结果如下。

```
z =
    1.0000
```

注意:上面两种方法的出的结果不同。这是由于所选方法各自产生的误差不同所造成的。

4.3 线性方程组求解

在 MATLAB 中,关于线性方程组的解法一般可以分为两类:一类是直接解法,就是在没有舍入误差的情况下,通过有限步的矩阵初等运算求得方程组的解;另一类是迭代解法,就是先给定一个解的初始值,然后按照一定的迭代算法进行逐步逼近,求出更精确的近似解。

4.3.1 直接解法

1. 利用左除运算符的直接解法

线性方程组的直接解法大多基于高斯消元法、主元素消元法、平方根法和追赶法等。在MATLAB中,这些算法已经被编制成了现成的库函数或运算符,因此,只需调用相应的函数或运算符即可完成线性方程组的求解。最简单的方法是使用左除运算符"\",程序会自动根据输入的系数矩阵判断选用合适的方法进行求解。

对于线性方程 $Ax=b$,利用左除运算符求解为

$$x = A \backslash b \tag{4-23}$$

当系数矩阵 A 为 $N \times N$ 的方阵时,MATLAB 会自行采用高斯消元法求解线性方程组。需要注意的是,如果矩阵 A 是奇异的或接近奇异的,则 MATLAB 会给出警告信息。

例 4-19 用直接解法求解下列线性方程组。

$$\begin{cases} x_1 + x_2 - 3x_3 - x_4 = 1 \\ 3x_1 - x_2 - 3x_3 + 4x_4 = 4 \\ x_1 + 5x_2 - 9x_3 - 8x_4 = 0 \end{cases}$$

代码如下:
```
A=[1 1 -3 -1;3 -1 -3 4;1 5 -9 -8];
B=[1 4 0]';
X= A\B
X =
     0
     0
    -0.5333
     0.6000
```

2. 利用矩阵分解的直接解法

矩阵分解是指根据一定的原理用某种算法将一个矩阵分解成若干个矩阵的乘积,常见的分解方法有 LU 分解、QR 分解、Cholesky 分解和奇异值分解等。通过这些分解方法求解线性方程组的优点是运算速度快,可以节省内存储存空间。

1) LU 分解

LU 分解又称 Gauss 消去分解,可把任意方阵分解为下三角矩阵的基本变换形式(行交换)和上三角矩阵的乘积,即 $A = LU$。其中,L 为下三角阵,U 为上三角阵。实现 LU 分解后,线性方程组 $Ax = b$ 的解 $x = U \backslash (L \backslash b)$,这样就可以大大提高运算速度。MATLAB 提供

了 lu 函数对矩阵进行 LU 分解,其调用格式为

$$[L,U] = \text{lu}(A) \tag{4-24}$$

例 4-21 用 LU 分解法求解下列线性方程组。

$$\begin{cases} 4x_1 + 2x_2 - x_3 = 2 \\ 3x_1 - x_2 + 2x_3 = 10 \\ 11x_1 + 3x_2 = 8 \end{cases}$$

代码如下:

```
A=[4 2 -1;3 -1 2;11 3 0];
B=[2 10 8]';
[L,U]=lu(A)
L =
    0.3636   -0.5000    1.0000
    0.2727    1.0000         0
    1.0000         0         0
U =
   11.0000    3.0000         0
         0   -1.8182    2.0000
         0         0    0.0000
X= U\(L\B)
Warning: Matrix is close to singular or badly scaled. Results may be inaccurate.
RCOND = 2.018587e-17.
X =
   1.0e+16 *
   -0.4053
    1.4862
    1.3511
```

说明:结果中的警告是由于系数行列式近似为零产生的,可以通过 $A*X$ 验证其正确性。

2) QR 分解

矩阵的 QR 分解是将任意矩阵 A 分解为正交矩阵和上三角矩阵的乘积形式,即 $A = QR$,Q 为正交矩阵,R 为上三角矩阵。实现 QR 分解后,线性方程组 $Ax = b$ 的解 $x = R\backslash(Q\backslash b)$。MATLAB 提供了 qr 函数对矩阵进行 QR 分解,其调用格式为:

$$[Q,R] = \text{qr}(A) \tag{4-25}$$

例 4-21 用 QR 分解法求解下列线性方程组。

$$\begin{cases} x_1 + 2x_2 + 3x_3 = 10 \\ x_1 + 8x_2 - x_3 = 16 \\ x_1 - 4x_2 + 3x_3 = 1 \end{cases}$$

代码如下:
A=[1 2 3;1 8 -1;1 -4 3];
b=[10 16 1]';
[Q,R]=qr(A)
Q =
 -0.5774   0 -0.8165
 -0.5774 -0.7071 0.4082
 -0.5774 0.7071 0.4082
R =
 -1.7321 -3.4641 -2.8868
   0 -8.4853 2.8284
   0   0 -1.6330
x= R\(Q\b)
x =
 4.7500
 1.5000
 0.7500

3) Cholesky 分解

如果 $\boldsymbol{A}$ 为对称正定矩阵,则 Cholesky 分解可将矩阵 $\boldsymbol{A}$ 分解成上三角矩阵及其转置矩阵的乘积形式,即 $\boldsymbol{A}=\boldsymbol{R}^{\mathrm{T}}\boldsymbol{R}$,$\boldsymbol{R}$ 为上三角矩阵。实现 Cholesky 分解后,线性方程组 $\boldsymbol{Ax}=\boldsymbol{b}$ 的解 $\boldsymbol{x}=\boldsymbol{R}\backslash(\boldsymbol{R}^{\mathrm{T}}\backslash\boldsymbol{b})$。MATLAB 提供了 chol 函数对矩阵进行 Cholesky 分解,其调用格式为:

$$\boldsymbol{R}=\mathrm{chol}(\boldsymbol{A}) \tag{4-26}$$

例 4-22 用 Cholesky 分解求解下列线性方程组。

$$\begin{cases} 16x_1+4x_2+8x_3=28 \\ 4x_1+5x_2-4x_3=5 \\ 8x_1-4x_2+22x_3=26 \end{cases}$$

代码如下:
A=[16 4 8;4 5 -4;8 -4 22];
b=[28 5 26]';
R=chol(A)
R =
  4 1 2
  0 2 -3
  0 0 3
x=R\(R'\b)
x =
  1
  1
  1

4.3.2 迭代法

迭代法非常适合求解大型系数矩阵的方程组。在数值分析中,迭代法主要包括雅可比(Jacobi)迭代法、高斯-塞得尔(Gauss-Seidel)迭代法、超松弛(SOR)迭代法。其中各种迭代法均在逐次迭代的基础上进行,首先是最基本的逐次迭代法,迭代过程如下:

对于 n 阶线性方程组,$Ax=b$ 的系数矩阵 A 可进行如下分解:

$$A=Q-C \qquad (4-27)$$

其中 Q 是非奇异矩阵,则线性方程组可以变为:

$$x=Bx+r \qquad (4-28)$$

其中 $B=Q^{-1}C, r=Q^{-1}b$,则迭代过程为:

$$x_{k+1}=Bx_k+r \qquad (4-29)$$

上述迭代过程即是最基本的逐次迭代法。

1. Jacobi 迭代法

对于线性方程组 $Ax=b$,如果 A 为非奇异矩阵,即 $a_{ii}\neq 0(i=1,2,\cdots,n)$,则可将 A 分解为 $A=D-L-U$,其中 D 为对角阵,它的元素为 A 的对角元素,L 与 U 为 A 的下三角阵和上三角阵,于是 $Ax=b$ 可化为:

$$x=D^{-1}(L+U)x+D^{-1}b \qquad (4-30)$$

与之对应的迭代公式为:

$$x_i^{k+1}=\frac{1}{a_{ii}}\left(b_i-\sum_{j\neq i}a_{ij}x_j^k\right), i=1,2,\cdots,n \qquad (4-31)$$

这就是 Jacobi 迭代公式。如果序列 x_i^{k+1} 收敛于 x,则 x 必是方程 $Ax=b$ 的解。

Jacobi 迭代法的 MATLAB 函数文件 Jacobi.m 代码如下:

```
function[y,n]=jacobi(A,b,x0,eps)
%eps 为容差,x0 为初始值
if nargin==3
eps=1.0e-6;
elseif nargin<3
error
return
end
D=diag(diag(A));          %求 A 的对角矩阵
L=-tril(A,-1);            %求 A 的下三角阵
U=-triu(A,1);             %求 A 的上三角阵
B=D\(L+U);
f=D\b;
y=B*x0+f;
```

```
n=1;                    %迭代次数
while norm(y-x0)>=eps
x0=y;
y=B*x0+f;
n=n+1;
end
```

例 4 – 23 用 Jacobi 迭代法求解下列线性方程组。设迭代初值为 0,迭代精度为 10^{-6}。

$$\begin{cases} 10x_1 - x_2 = 9 \\ -x_1 + 10x_2 - 2x_3 = 7 \\ -2x_1 + 10x_3 = 6 \end{cases}$$

在命令中调用函数文件 Jacobi.m,代码如下:

```
A=[10 -1 0;-1 10 -2;0 -2 10];
b=[9 7 6]';
[x,n]=jacobi(A,b,[0 0 0]',1.0e-6)
```

程序运行结果如下:

```
x =
    0.9958
    0.9579
    0.7916
n =
    11
```

2. Gauss-Seidel 迭代法

A 分解为 $A = D - L - U$,如果取 $M = D - L$,$N = U$,则迭代公式如下:

$$x = (D-L)^{-1}Ux + (D-L)^{-1}b \tag{4-32}$$

所以具体的迭代过程为:

$$x_i^{k+1} = \frac{1}{a_{ii}}\left(b_i - \sum_{j \leqslant i-1} a_{ij}x_j^{k+1} - \sum_{j \geqslant i+1} a_{ij}x_j^k\right), i = 1, 2, \cdots, n \tag{4-33}$$

上式即为 Gauss - Seidel 迭代法公式。和 Jacobi 迭代法相比,Gauss-Seidel 迭代法用新分量代替旧分量,精度会高些。

Gauss-Seidel 迭代法的 MATLAB 函数文件 **gauseidel.m** 的代码如下:

```
function[y,n]=gauseidel(A,b,x0,eps)
%eps 为容差,x0 为初始值
if nargin==3
    eps=1.0e-6;
elseif nargin<3
    error
    return
```

```
       end
       D=diag(diag(A));          %求A的对角矩阵
       L=-tril(A,-1);            %求A的下三角阵
       U=-triu(A,1);             %求A的上三角阵
       G=(D-L)\U;
       f=(D-L)\b;
       y=G*x0+f;
       n=1;                      %迭代次数
       while norm(y-x0)>=eps
           x0=y;
           y= G*x0+f;
           n=n+1;
       end
```

例 4 − 24 用 Gauss − Seidel 迭代法求解下列线性方程组。设迭代初值为 0,迭代精度为 10^{-6}。

$$\begin{cases} 3x_1 - x_2 + 2x_3 = 7 \\ 4x_1 + 5x_2 + x_3 = -21 \\ -3x_1 + x_2 + 6x_3 = 15 \end{cases}$$

在命令中调用函数文件 gauseidel.m,代码如下:

```
A=[3 -1 2;4 5 1;-3 1 6];
b=[7 -21 15]';
[x,n]=gauseidel(A,b,[0 0 0]',1.0e-6)
x =
   -0.8553
   -4.0658
    2.7500
n =
    33
```

3. SOR 迭代法

A 分解为 $A = D - L - U$,如果取 $M = \dfrac{1}{\omega}D - L$,$N = M - A = \dfrac{1-\omega}{\omega}D + U$,则迭代格式如下:

$$x = (D - \omega L)^{-1}[(1-\omega)D + \omega U]x + \omega (D - \omega L)^{-1}b \tag{4-34}$$

所以具体的迭代公式为:

$$x_i^{k+1} = (1-\omega)x_i^k + \frac{\omega}{a_{ii}}\left(b_i - \sum_{j \leqslant i-1} a_{ij}x_j^{k+1} - \sum_{j \geqslant i+1} a_{ij}x_j^k\right), i=1,2,\cdots,n \tag{4-35}$$

式(4-35)为松弛因子 ω 的逐次超松弛迭代法,简称为 SOR 方法。它可以看作是 Gauss −

Seidel 迭代法和原始向量的组合。当 $\omega=1$ 时,它就是 Gauss‐Seidel 迭代法。

SOR 迭代法的 MATLAB 程序代码如下:

```
function[x,n]=SOR(A,b,x0,w,eps,M)
%M 为迭代次数,eps 为容差,x0 为初始值
if nargin==4
    eps=1.0e-6;
    M=200;
elseif nargin<4
    error
    return
elseif nargin==5
    M=200;
end
if(w<=0||w>=2)
    error;
    return;
end
D=diag(diag(A));            %求 A 的对角矩阵
L=-tril(A,-1);              %求 A 的下三角阵,不包括主对角元素
U=-triu(A,1);               %求 A 的上三角阵,不包括主对角元素
B=inv(D-L*w)*((1-w)*D+w*U);
f=w*inv((D-L*w))*b;
x=B*x0+f;
n=1;                        %迭代次数
while norm(x-x0)>=eps
    x0=x;
    x=B*x0+f;
    n=n+1;
    if(n>=M)
        disp('Warning:迭代次数太多,可能不收敛!');
        return;
    end
end
```

例 4‐25 用 SOR 迭代法求解下列线性方程组。设迭代初值均为 0,迭代精度为 10^{-6}。

$$\begin{cases} 5x_1+4x_2=30 \\ 3x_1+5x_2-x_3=36 \\ -2x_2+4x_3=-20 \end{cases}$$

MATLAB 程序代码如下,分别是 $\omega=0.50$、1.00、1.50、1.90 时的迭代情况。

```
A=[5 4 0;3 5 -1;0 -2 4];
```

```
b=[30 36 -20];
x0=[0 0 0];
eps=1.0e-6;
w=1;
[x,n]=SOR(A,b,x0,w,eps)
x =
    1.0476
    6.1905
   -1.9048
n =
    29
A=[5 4 0;3 5 -1;0 -2 4];
b=[30 36 -20]';
x0=[0 0 0]';
eps=1.0e-6;
w=0.50;
[x,n]=SOR(A,b,x0,w,eps)
x =
    1.0476
    6.1905
   -1.9048
n =
    85
A=[5 4 0;3 5 -1;0 -2 4];
b=[30 36 -20]';
x0=[0 0 0]';
eps=1.0e-6;
w=1.50;
[x,n]=SOR(A,b,x0,w,eps)
x =
    1.0476
    6.1905
   -1.9048
n =
    26
A=[5 4 0;3 5 -1;0 -2 4];
b=[30 36 -20]';
x0=[0 0 0]';
eps=1.0e-6;
```

```
w=1.90;
[x,n]=SOR(A,b,x0,w,eps)
x =
    1.0476
    6.1905
   -1.9048
n =
   159
```

显然当 $\omega=1.50$ 时迭代次数最少。当 $\omega=1.00$ 时，它就是 Gauss-Seidel 迭代法，迭代次数为 29 次。

4.4 离散傅里叶变换

傅里叶变换(DFT)广泛应用于地球物理信号处理，由于直接计算傅里叶的运算量与变换的长度 N 的平方成正比，当 N 较大时，计算量太大。随着计算机技术的迅速发展，使得在计算机上进行离散傅里叶变换计算成为可能，特别是快速傅里叶变换(FFT)算法的出现，为离散傅里叶变换的应用创造了条件。

MATLAB 提供了一套计算快速傅里叶变换的函数，它们包括求一维、二维和 N 维离散傅里叶变换函数 fft、fft2 和 fftn，还包括求上述各维离散傅里叶变换的逆变换函数 ifft、ifft2 和 ifftn 等。本节先简要介绍离散傅里叶变换的基本概念和变换公式，然后讨论 MATLAB 中离散傅里叶变换的程序实现。

4.4.1 离散傅里叶变换算法简述

在某时间段内等距地抽取 N 个抽样时间 t_n 处的样本值 $f(t_n)$，可记为 $f(n)$，这里 $n=0,1,2,\cdots,N-1$，称向量 $F(k)(k=0,1,2,\cdots,N-1)$ 为 $f(n)$ 的一个离散傅里叶变换：

$$F(k)=\text{FFT}[f(n)]=\sum_{n=0}^{N-1}f(n)\mathrm{e}^{-j2\pi nk/N} \cdot k=0,1,\cdots,N-1 \qquad (4-36)$$

因为 MATLAB 不允许零下标，实现时，改为：

$$F(k)=\text{FFT}[f(n)]=\sum_{n=1}^{N}f(n)\mathrm{e}^{-j2\pi(n-1)(k-1)/N} \cdot k=1,2,\cdots,N \qquad (4-37)$$

相应的逆变换为：

$$f(n)=\text{FFT}^{-1}[F(k)]=\frac{1}{N}\sum_{k=1}^{N}F(k)\mathrm{e}^{-j2\pi(n-1)(k-1)/N} \cdot k=1,2,\cdots,N \qquad (4-38)$$

4.4.2 离散傅里叶变换的程序实现

MATLAB 提供了对向量或直接对矩阵进行离散傅里叶变换的函数。下面介绍一维离散傅里叶变换函数,其调用格式与功能如下。

(1)fft(**X**);返回向量 **X** 的离散傅里叶变换。设 **X** 的长度(即元素个数)为 N,若 N 为 2 的幂次,则为以 2 为基数的快速傅里叶变换,否则为运算速度很慢的非 2 幂次的算法。对于矩阵 **X**,fft(**X**)应用于矩阵的每一列。

(2)fft(**X**,N):计算 N 点离散傅里叶变换。它限定向量的长度为 N,若 **X** 的长度小于 N,则不足部分补上零;若大于 N,则删去超出 N 的向量元素。对于矩阵 **X**,它同样应用于矩阵的每一列,只是限定了矩阵每一列的长度为 N。

(3)fft(**X**,[ ],dim)或 fft(**X**,N,dim):这是对于矩阵而言的函数调用格式,前者的功能与 fft(**X**)基本相同,而后者则与 fft(**X**,N)基本相同。只是当参数 dim=1 时,该函数作用于 **X** 的每一列,当 dim=2 时,则作用于 **X** 的每一行。

值得一提的是,当给出已知的样本数 N_0 不是 2 的幂次时,可以取一个 N 使它大于 N_0 且是 2 的幂次,然后利用函数格式 fft(**X**,N)或者 fft(**X**,N,dim)便可进行快速傅里叶变换。这样,计算速度将大大加快。

相应的,使用一维离散傅里叶变换函数 ifft 时。ifft(**F**)返回 **F** 的一维离散傅里叶变换;ifft(**F**,N)为 N 点逆变换;ifft(**F**,[ ],dim)或 ifft(**X**,N,dim)则由 N 和 dim 确定逆变换的点数和操作方向。

例 4 - 26 给定数学函数:$x(t)=12\sin(2\pi\times 10t+\pi/4)+5\cos(2\pi\times 40t)$。取 $N=128$,试对 t 从 0~1s 采样,用 FFT 作快速傅里叶变换,并绘制相应的振幅-频率图。

程序代码如下:

```
N=128;                          %采样点数
T=1;                            %采样时间终点
t=linspace(0,T,N);              %给出 N 个采样时间 ti(i=1:N)
x=12*sin(2*pi*10*t+ pi/4)+ 5*cos(2*pi*40*t);
dt=t(2)-t(1);                   %采样周期
f=1/dt;                         %采样频率(Hz)
X=fft(x);                       %计算 x 的快速傅里叶变换 X
F=X(1:N/2+ 1);                  %F(k)=X(k)[k=1:(N/2)+1]
f=f*(0:N/2)/N;                  %使频率轴 f 从零开始
plot(f,abs(F),'-*')             %绘制振幅-频率图
xlabel('Frequency');
ylabel('|F(k)|');
```

运行程序后所绘制的振幅-频率如图 4-8 所示。从图 4-8 中可以看出,在幅值曲线上有两个峰值点,对应的频率为 10Hz 和 40Hz,这正是给定函数中的两个频率值。

表 4-3 为一般常用的地球物理信号处理函数,它们的调用方法这里不再详述,读者可以参考 MATLAB 在线帮助文件。

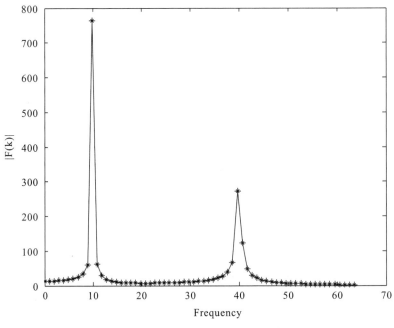

图 4-8 振幅-频率图

表 4-3 常用的地球物理信号处理函数

函数指令	含 义	函数指令	含 义
conv	卷积	conv2	二维卷积
fft	快速傅里叶变换	fft2	二维快速傅里叶变换
ifft	逆快速傅里叶变换	ifft2	二维逆快速傅里叶变换
filter	离散时间滤波器	filter2	二维离散时间滤波器
abs	幅值	angle	四个象限的相角
unwrap	在 360°边界清除相角突变	fftshift	把 FFT 结果平移到负频率上
nextpow2	2 的下一个较高幂次		

第 5 章 图形用户界面设计

图形用户界面由窗口、用户菜单、用户控制等各种图形元素组成。MATLAB 提供了强大的 GUI 功能，GUI 对象包含 3 类：用户界面控制对象（uicontrol）、下拉式菜单对象（uimenu）和快捷菜单对象（ucontextmenu）。用户可以根据不同的应用目的，利用 MATLAB 提供的对象控件和功能自行设计出强大的 GUI。

5.1 菜单设计

5.1.1 菜单创建

1. 图形窗口的标准菜单

MATLAB 图形窗口在默认情况下总有一个顶层菜单条[Top – level]，每个菜单项在单击时都会产生一个下拉菜单[Pull-down menu]。这种标准菜单由用户菜单的"MenuBar"属性管理，该属性有两个取值["none"|"figure"]：当属性值取"none"时，图形窗口不显示标准菜单（即工具栏）；当属性值取"figure"时，图形窗口显示标准菜单（默认值）。

2. 获取默认的标准菜单

在 MATLAB 命令窗口下运行如下所示带有图形句柄的 figure 命令，即可创建带有标准菜单的图形窗口界面，如图 5 – 1 所示。

```
User_figure=figure
User_figure =
    1
```

3. 隐去图形窗口的标准菜单

创建带有标准菜单的图形界面之后，直接把"MenuBar"的属性设置为"none"，在 MAT-LAB 窗口继续运行如下所示的命令，即可使图形窗口的标准菜单不再显示。

$$Set(User\_figure,'MenuBar','none')$$

值得注意的是，指令运行前，图形句柄 User_figure 必须具体指定，但用户可自定义。

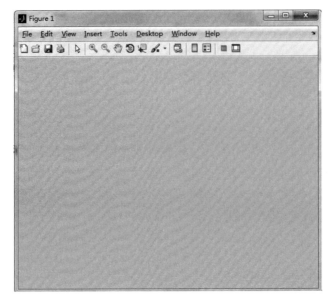

图 5-1 带标准菜单的图形窗口

5.1.2 菜单属性

用户菜单对象有自己一些特有的属性,属性设置对对象起着不可或缺的作用,通过对用户菜单对象属性的设置能获得用户所需功能和风格的自制菜单。菜单对象属性可以分为公共属性、基本控制属性和 Callback 管理属性。现在介绍其中一些常用属性。

1. "Checked"属性

取值:{"on"|"off"}。该属性命令定义一个指示标记,指定对象是否处于被选择状态。所谓被选择状态就是其显示前有个"√"号选择标记,用来表示某一个开关量的状态。

2. "Enable"属性

取值:{"on"|"off"}。启动或禁止菜单的功能,当菜单被禁止时,其显示一般为灰色。

3. "Position"属性

取值:标量,指定菜单的相对位置。这里"相对"的含义是指对象的"Position"属性,只有和同级的"uimenu"对象相比较时才有意义。例如:在主菜单中,"Position"属性为 1 时位于菜单的最左边,并依次向右侧递增;某一菜单的所有子菜单中,"Position"属性为 1 的位于最上面,并且依次往下递增。

4. "Separator"属性

取值：{"on"|"off"}。用来在菜单中产生分隔效果,如果该属性值为"on",则该菜单项上方添加一条分隔线。通过分隔线将功能相近的菜单条组合,使得菜单层次变得清晰。

5. "Children"属性

取值：空矩阵或句柄值向量。该属性是由子菜单对象的句柄组成的数组,改变向量元素的顺序就可以改变菜单对象的子菜单及命令的顺序。

6. "Parent"属性

取值：对象句柄值。该句柄值表明了菜单对象所在的图形窗口或其父菜单。可以通过改变该属性值将"uimenu"对象移到其他对象中去。

7. "Visible"属性

取值：{"on"|"off"},指示菜单是否可见。如果设置为"off",则菜单不显示但仍存在并且能通过"get/set"来设置其属性。

在所有菜单属性中,有两个不可或缺的属性：菜单名(Label)和回调函数(Callback),前者用于识别不同菜单项;后者用于产生相应的操作,使该菜单项发挥其应有的作用。

8. "Label"属性

取值："String"。菜单名属性用来命名菜单项名称,该字符串应该能简明扼要地反映相应操作的本质。像其他 Windows 开发工具一样,MATLAB 运行在菜单文字中使用特殊字符"&"表示快捷键。

9. "Callback"属性

取值："String"。该字符串可以是一个标准的 MATLAB 命令、一个在"path"设置的路径中可以搜索到的.m 文件名。当用户选用该菜单时,回调的作用是将该属性值字符串送给"eval"去执行,以实现该菜单的功能。倘若用户不对自制菜单项的回调属性进行设置,那么该菜单项的回调属性为"空串",因而当用户选择该菜单项时,将没有任何反应。

5.2 对话框设计

对话框是计算机与用户进行交互的界面,几乎所有的 Windows 应用程序都需要借助对话框实现简单的人机交互,即将用户的输入信息传递给计算机,将计算机的提示信息反馈给用户。

对话框带有提示信息和按钮等控件,在 MATLAB 中包含了多种创建专用对话框的命令。

5.2.1 输入参数对话框

使用"inputdlg"命令创建"输入参数"对话框,该对话框为用户提供了输入信息的界面。语法如下:

$$answer = inputdlg(prompt, title, lineno, defans, addopts)$$

其中,"answer"返回用户的输入信息,为元胞数组;"prompt"为提示信息字符串,用引号括起来,为元胞数组;"title"为标题字符串,用引号括起来,可以省略;"lineno"用于指定输入值的行数,可以省略;"defans"为输入值的默认项,用引号括起来,为元胞数组,可以省略;"addopts"指定对话框是否可以改变大小,可取值为"on"或"off",省略时值为"off"表示不能改变大小,为有模式对话框(有模式对话框是指在对话框关闭之前,用户无法运行其他程序),如果值为"on"则可以改变大小,自动变为无模式对话框。

例 5-1 利用"输入参数"对话框输入二阶系统的系数,代码如下,结果如图 5-2 所示。

```
prompt={'请输入阻尼系数','请输入无阻尼振荡频率'};
defans={'0.707','1'};
p=inputdlg(prompt,'输入参数',1,defans)
```

图 5-2 "输入参数"对话框

程序分析:prompt、defans 和 p 都是元胞数组。如果单击"Cancel"按钮,则返回空的元胞数组。

5.2.2 输入信息对话框

MATLAB 提供了几种专用的对话框,用于显示不同的输入信息。

(1)消息框 msgbox。消息框是用来显示输入信息的,有一个"OK"按钮。语法如下:

$$msgbox(message, title, icon, icondata, iconcmap, CreateMode)$$

其中,"message"为显示的信息,可以是字符串或数组;"title"为标题,是字符串,可省略;"icon"为显示的图标,可取值为"none"(无图标)、"error"(出错图标)、"help"(帮助图标)、

"warn"(警告图标)或"custom"(自定义图标),也可以省略;当 icon 取值"custom"时,用"icondata"定义图标的数据,用"iconmap"定义图标的颜色映像;"CreateMode"为对话框的产生模式,可省略,取值为"modal"(有模式)、"replace"(无模式可代替同名的对话框)、"non-modal"(默认为无模式)。

例 5-2 在例 5-1 的基础上,使用消息框显示当阻尼系数大于 1 时的警告信息,代码如下,结果如图 5-3 所示。

```
msgbox('阻尼系数输入范围出错','警告','warn')
```

图 5-3 消息框

程序分析:消息框 msgbox 没有返回值。

(2)其他输入对话框。MATLAB 还提供了专门的输入对话框,包括警告对话框、错误提示对话框、帮助对话框和提问对话框,表 5-1 提供了对话框语法、例句和图形窗口。

表 5-1 输入对话框使用表

警告对话框 warndlg	错误提示对话框 errordlg	帮助对话框 helpdlg	提问对话框 questdlg
warndlg(WarnString, DlgName,CreateMode)	errordlg(ErrorString, Dlgname,CreateMode)	helpdlg(HelpSring,Dlg-Name)	quesdlg(Question, Title,Btn1,Btn2,Btn3, DEFAULT)
warndlg('阻尼系数输入范围出错','警告')	errordlg('阻尼系数输入出错','出错')	helpdlg('欠阻尼系数应大于0小于1','帮助')	questdlg('是否确认?', 'Are you sure?', 'Yes','No','Yes')
(警告图)	(出错图)	(帮助图)	(Are you sure?图)

5.2.3 文件管理对话框

对文件操作时,经常要对文件进行打开和保存等操作。在各种应用软件中都可以通过"File"菜单中的"Open"和"Save"命令打开相应的对话框进行文件管理,MATLAB 也提供了标准的对话框用于进行文件操作。

(1)打开文件对话框 uigetfile 命令。uigetfile 命令用于提供"打开文件"对话框,可以选择文件类型和路径。语法如下:

$$[FileName, PathName] = uigetfile(FiltrEspec, Title, x, y)$$

其中,"FileName"和"PathName"分别为返回的文件名和路径,可省略,如果单击"取消"按钮或发生错误,则命令都返回 0;"FiltrEspec"指定初始时显示的文件名,可以用通配符"*"表示,若省略,则自动列出当前路径下的所有"*.m"文件和目录;"Title"为对话框标题,可省略;"x、y"分别指定对话框在屏幕上的位置(到屏幕左上角的距离),单位是像素,可省略。

例 5-3 利用"打开文件"对话框选择 MATLAB 目录下的文件 license.txt,代码如下,结果如图 5-4 所示。

[fname,pname]=uigetfile('*.*','打开文件',100,100)
fname=
　　license.txt
pname=
　　D:\MATLAB\

图 5-4 "打开文件"对话框

程序分析:在屏幕的(100,100)位置显示"打开文件"对话框,单击"打开"按钮,返回文件名和路径名到"fname"和"pname"变量。

(2)"保存文件"对话框 uiputfile 命令。uiputfile 命令用于提供"保存文件"对话框,可以选择文件类型和路径。语法如下:

$$[FileName, PathName] = uiputfile(FiltrEspec, Title, x, y)$$

说明:参数定义与 uigetfile 命令相同。

例 5-4　在例 5-3 的基础上,利用"保存文件"对话框选择文件。格式如下:

[fname,pname]=uiputfile('Ex0431.mat','保存文件')

运行该命令会出现"保存文件"对话框,如果要保存文件则在该语句后添加文件的输入/输出命令即可。

5.3　可视化图形用户界面设计

5.3.1　设计窗口

图形用户界面设计窗口如图 5-5 所示。

图 5-5　GUI 设计模板

在 GUI 设计模板中选择一个模板,然后单击"OK"按钮,就会显示出 GUI 设计窗口。选择不同的 GUI 设计模式时,在 GUI 设计窗口中显示的结果是不一样的,一般可以选择 GUI 模式,则 GUI 设计窗口如图 5-6 所示。

GUI 设计窗口由菜单栏、工具栏、控件工具栏以及图形对象设计区组成。GUI 设计窗口的菜单栏有 File、Edit、View、Layout、Tools 和 Help 共 6 个菜单项,使用其中的命令可以完成图形用户界面的设计操作。

在 GUI 设计窗口的工具栏上,有 Align Objects(位置调制器)、Menu Editor(菜单编辑器)、Tab Order Editor(Tab 顺序编辑器)、M-file Editor(M 文件编辑器)、Property Inspector(属性查看器)、Object Browser(对象浏览器)和 Run(运行)等 15 个命令按钮,通过它们可以方便地调用需要使用的 GUI 设计工具和实现有关操作。

图 5-6　GUI 设计窗口

在 GUI 设计窗口左边的控件工具栏，包括 Push Button、Slider、Radio Button、Check Box、Edit Text、Static Text、Pop-up Menu、Listbox、Toggle Button、Axes 等控件对象，它们是构成 GUI 的基本元素。

5.3.2　可视化设计工具

MATLAB 提供了一套可视化的创建图形用户窗口的工具，主要如下。

（1）属性编辑器（Property Inspector）：查看每个对象的属性值，也可以修改设置对象的属性值；

（2）菜单编辑器（Menu Editor）：创建、设计、修改下拉式菜单和快捷菜单；

（3）位置调整工具（Alignment tool）：调整两个对象相互之间的几何关系和位置；

（4）对象浏览器（Object Browser）：用于获得当前 MATLAB 图形用户界面程序中所有的对象信息和类型，同时显示控件的名称和标识，在控件上双击鼠标右键可以打开该控件的属性编辑器。

（5）Tab 顺序编辑器（Tab Order Editor）：当按下键盘上的"Tab"键时，可以通过该工具设置对象被选中的先后顺序。

1. 属性编辑器

利用属性编辑器，可以查看每个对象的属性值，也可以修改、设置对象的属性值，从 GUI 设计窗口工具栏上选择"Property Inspector"命令按钮，或者选择"View"菜单下的"Property Inspector"命令，可以打开属性编辑器，如图 5-7 所

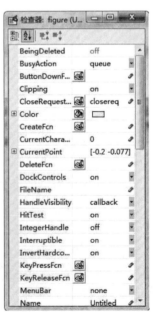

图 5-7　属性编辑器

示。另外,在 MATLAB 命令窗口输入"inspect",也可以打开属性编辑器。

在选中某个对象后,可以通过属性编辑器查看该对象的属性值,也可以方便地修改对象的属性值。

2. 菜单编辑器

利用菜单编辑器,可以创建、设置、修改下拉式菜单和快捷菜单。从 GUI 设计窗口的工具栏上选择"Menu Editor"命令按钮,或者选择"Tools"菜单下的"Menu Editor"命令,就可以打开菜单编辑器,如图 5-8 所示。

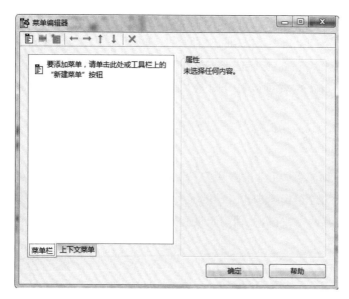

图 5-8 菜单编辑器

菜单编辑器左上角的第一个按钮用于创建一级菜单项,第二个按钮用于创建一级菜单的子菜单。选中创建的某个菜单项后,菜单编辑器的右边就会显示出该菜单的有关属性,用户可以在这里设置、修改菜单的属性。可以利用菜单编辑器创建 Plot 与 Option 两个一级菜单项,并且在 Plot 一级菜单下,创建 Sin 和 Cos 两个子菜单,在 Option 一级子菜单下创建 Grid、Box 和 Color 三个子菜单。

菜单编辑器的左下角有两个按钮,单击第一个按钮,可以创建下拉式菜单;单击第二个按钮,可以创建"Context Menu"菜单;选择它后,菜单编辑器左上角的第三个按钮就会变成可用,单击即可创建"Context Menu"主菜单。在选中创建好的"Context Menu"主菜单后,可以单击第二个按钮创建选中的"Context Menu"主菜单的子菜单。与下拉菜单一样,选中创建的某个"Context Menu"菜单,菜单编辑器的右边就会显示该菜单的有关属性,可以在这里设置、修改菜单的属性。

3. 位置调整工具

利用位置调整工具，可以对 GUI 对象设计区内的多个对象的位置进行调整。从 GUI 设计窗口的工具栏上选择"Align Objects"命令按钮，或者选择"Tools"菜单下的"Align Objects"命令，就可以打开对象位置调制器，如图 5-9 所示。

4. 对象浏览器

利用对象浏览器，可以查看当前设计阶段的各个句柄图形对象。从 GUI 设计窗口的工具栏上选择"Object Browser"命令按钮，或者选择"View"菜单下的"Object Browser"命令，就可以打开对象浏览器，如图 5-10 所示。

图 5-9 对象位置调整器

5. Tab 顺序编辑器

利用 Tab 顺序编辑器，可以设置用户按键盘上的 Tab 键时，对象被选中的先后顺序。选择"Tools"菜单下的"Tab Order Editor"命令，就可以打开"Tab"顺序编辑器。在 Tab 顺序编辑器的左上角有两个按钮，分别用于设置对象按 Tab 键时选中的先后顺序，如图 5-11 所示。

图 5-10 对象浏览器

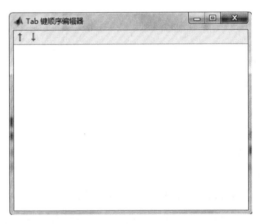

图 5-11 Tab 键顺序编辑器

第6章 重力勘探程序设计

扫码即可下载程序包

重力勘探是以万有引力定律为理论基础,通过测量与围岩有密度差异的地质体在其周围引起的重力异常值,以确定这些地质体存在的空间位置、大小和形状,从而对工作地区的地质构造和矿产分布情况作出判断的一种地球物理勘探方法。本章主要借助 MATLAB 软件介绍重力勘探中重力异常的正演模拟、数据处理与延拓。

6.1 重力异常的正演

重力异常的正演模拟是通过设置重力异常体的形状、产状以及剩余密度等参数,借助于理论公式,计算在地面及空间范围内引起的重力异常大小、特征和变化规律。本节将主要介绍几种理想的重力异常体模型正演计算问题。

6.1.1 密度均匀的球体

一些常见的地质异常体,如矿巢、穹隆构造、矿囊等可近似看成球体来计算它们的重力异常,并且在地表近似水平的情况下可当成水平面进行计算处理。对于均匀球体,可将全部剩余质量集中在球心处进行计算,其计算公式可表示为:

$$\Delta g = \frac{GMD}{(x^2+y^2+D^2)^{3/2}} \tag{6-1}$$

式中,Δg 为重力异常值,单位为 g.u.;D 为球心的埋藏深度,单位为 m;$M = \frac{4}{3}\pi R^3 \sigma$ 为剩余质量,单位为 t;R 为球体半径,单位为 m;σ 为剩余密度,单位为 t/m³;$G = 6.67 \times 10^{-2}$ m³/(t·s²)。

例 6-1 采用 MATLAB 编程计算均匀球体的重力异常分布,其中 $R = 30$m,$D = 50$m,$\sigma = 1.1$t/m³,计算模型如图 6-1 所示。

编写的程序代码如下:

```
clear all
clc
G=6.67*1e-2;
R=30;
D=50;
```

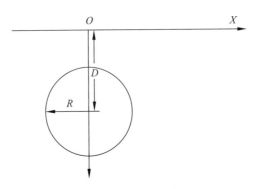

图 6-1 球体重力异常模型

```
sigma=1.1;
M=4*pi*R.^3*sigma/3;%剩余质量
%%过地下球体中心地表测线
x=-100:5:100;
g2=(G*M*D)./((x.^2+D^2).^1.5);
figure(1)
plot(x,g2,'r-');
xlabel('X(m)');
ylabel('\Deltag');
%%三维球体
x=-100:5:100;
y=-100:5:100;
for i=1:length(x)
    for j=1:length(y)
        g3(i,j)=(G*M*D)./((x(i).^2+y(j).^2+D.^2).^1.5);
    end
end
figure(2)
surf(x,y,g3);
xlabel('X(m)');
ylabel('Y(m)');
zlabel('\Deltag');
```

运行程序后,计算的过地下球体中心地表测线和三维球体重力异常分别如图6-2和图6-3所示。

6.1.2 密度均匀的无限长水平圆柱体

还有某些常见的地质异常体,横截面近似于圆形,水平方向延伸较长,可近似看成水平

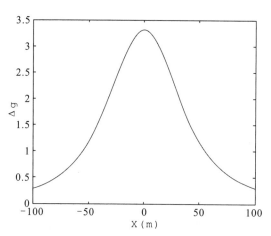

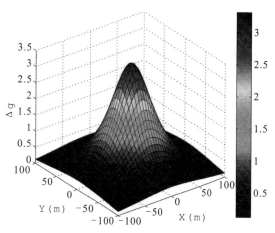

图 6-2 过地下球体中心地表测线重力异常图   图 6-3 三维球体重力异常图

无限长圆柱体来计算其重力异常。其计算公式可表示为：

$$\Delta g = \frac{2G\lambda D}{x^2 + y^2 + D^2} \tag{6-2}$$

式中，D 为中轴线的埋藏深度，单位 m；$\lambda = \pi R^2 \sigma$ 为单位长度圆柱体的剩余质量，单位 t；R 为截面的半径，单位 m；σ 为剩余密度，单位 t/m³。

例 6-2 利用 MATLAB 编程实现无限长水平圆柱体的重力异常计算，其中 $R = 30$ m，$D = 50$ m，$\sigma = 1.1$ t/m³。

编写的程序代码如下：

```
clear all
clc
G=6.67*1e-2;
R=30;
D=50;
sigma=1.1;
lamda=pi*R.^2*sigma; %剩余质量计算
%%%三维圆柱体
x=-100:5:100;
y=-100:5:100;
for i=1:length(x)
    for j=1:length(y)
        g3(j,i)=2*(G*lamda*D)./(x(i).^2+ +D.^2); %y方向为无限长
    end
end
```

```
subplot(1,2,1)
surf(x,y,g3);
xlabel('X(m)');
ylabel('Y(m)');
zlabel('\Deltag');
subplot(1,2,2)
imagesc(x,y,g3);
xlabel('X(m)');
ylabel('Y(m)');
zlabel('\Deltag');
```

运行程序后得到的三维水平无限长圆柱体的重力异常响应如图6-4所示。

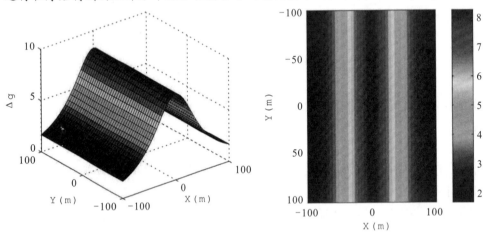

图6-4 三维无限长水平圆柱体重力异常图

6.1.3 密度均匀的台阶体

台阶体是一种常见的构造类型,例如地层的超覆、倾斜接触带以及断层等可近似看成台阶体来计算其重力异常,如图6-5所示。

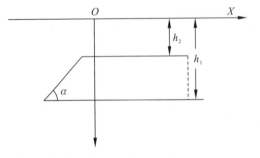

图6-5 台阶体地质模型图

其计算公式可表示为：

$$\Delta g = G\sigma \left[\pi(h_1 - h_2) + 2h_1 \arctan \frac{x + h_1 \cot\alpha}{h_1} - 2h_2 \arctan \frac{x + h_2 \cot\alpha}{h_1} + \right.$$

$$x \sin^2\alpha \ln \frac{(h_1 + x\sin\alpha\cos\alpha)^2 + x^2\sin^4\alpha}{(h_2 + x\sin\alpha\cos\alpha)^2 + x^2\sin^4\alpha} -$$

$$\left. 2x\sin\alpha\cos\alpha \arctan \frac{x(h_1 - h_2)\sin^2\alpha}{x^2\sin^2\alpha + (h_1 + h_2)x\sin\alpha\cos\alpha + h_1 h_2} \right] \quad (6-3)$$

式中，h_1 和 h_2 分别为底面和顶面的埋藏深度，单位 m；σ 为剩余密度，单位 t/m³；α 为台阶倾角，单位（°）。

例 6-3 利用 MATLAB 编程实现不同倾角台阶体的重力异常计算，其中 $h_1 = 80$m，$h_2 = 50$m，α 分别为 30°、60°、90°和 120°，$\sigma = 1.1$t/m³。

编写的程序代码如下：

```
clear all
clc
G=6.67*1e-2;
h1=80;
h2=50;
sigma=1.1;
afa=[pi/6,pi/3,pi/2,2*pi/3];%台阶倾角
%% 二维台阶体
x=-150:5:150;
for i=1:length(x)
    for j=1:length(afa)
g1(j,i)=pi*(h1-h2)+2*h1*atan((x(i)+h1*cot(afa(j)))/h1)-2*h2*atan((x(i)+h2*cot(afa(j)))/h1);
g2(j,i)=x(i)*sin(afa(j)).^2*log(((h1+x(i)*sin(afa(j))*cos(afa(j))).^2+x(i)^2*sin(afa(j))^4)/((h2+x(i)*sin(afa(j))*cos(afa(j))).^2+x(i)^2*sin(afa(j))^4));
g3(j,i)=2*x(i)*sin(afa(j))*cos(afa(j))*atan((x(i)*(h1-h2)*sin(afa(j))^2)/(x(i).^2*sin(afa(j)).^2+(h1+h2)*x(i)*sin(afa(j))*cos(afa(j))+h1*h2));
g(j,i)=G*sigma*(g1(j,i)+g2(j,i)-g3(j,i));
    end
end
figure(1)
plot(x,g(1,:),'r+');
hold on
plot(x,g(2,:),'b-.');
hold on
plot(x,g(3,:),'g-');
hold on
```

```
plot(x,g(4,:),'k*');
xlabel('X(m)');
ylabel('\Deltag');
legend('\alpha=30\circ','\alpha=60\circ','\alpha=90\circ','\alpha=120\circ');
```
运行程序后,计算得到的不同倾角台阶体的重力异常如图 6-6 所示。

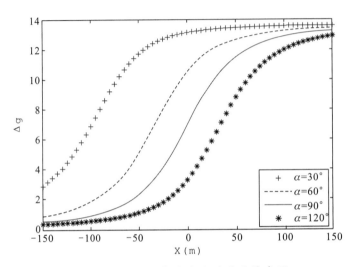

图 6-6 不同倾角台阶体的重力异常图

6.2 重力异常的叠加

两个以上地质体的重力异常叠加,在形态和异常的幅值以及分布范围上与单个地质异常体的重力异常有明显的区别。重力异常的解释是把实测值看作由区域重力异常和局部重力异常的叠加,其中区域重力异常指分布较广、相对较深的地质因素引起的重力异常,这种异常的特征是异常幅值较大,异常范围较广,异常梯度较小,呈现出"低频"特征;而局部重力异常指分布范围较小、相对较浅的地质体引起的重力异常,虽然其异常幅值和分布范围较小,但异常的梯度较大,呈现出"高频"特征。

6.2.1 多个局部重力异常的叠加

两个球体重力异常的叠加属于典型的局部重力异常叠加,计算时可以将多个局部重力异常在某点的异常值直接相加,如图 6-7 所示。

例 6-4 利用 MATLAB 编程实现两个相邻球体重力异常的叠加,其中 $R_1=50\text{m}$, $R_2=60\text{m}$, $h=100\text{m}$, $\sigma=1.1\text{t/m}^3$。

编写的程序代码如下:
```
clear all
```

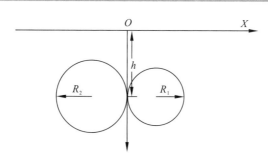

图 6-7　两个球体重力异常叠加模型

```
clc
G=6.67*1e-2;
R1=50;
R2=60;
D=100;
sigma=1.1;
x=-200:10:200;
y=-200:10:200;
M1=4*pi*R1.^3*sigma/3;%剩余质量
M2=4*pi*R2.^3*sigma/3;
for i=1:size(x,2)
    for j=1:size(y,2)
g1(i,j)=(G*M1*D)./(((x(i)-R1).^2+y(j).^2+D^2).^1.5);
g2(i,j)=(G*M2*D)./(((x(i)+R2).^2+y(j).^2+D^2).^1.5);
g=g1+g2;%重力异常叠加
    end
end
surf(x,y,g);
xlabel('X(m)');
ylabel('Y(m)');
zlabel('\Deltag');
```

运行程序后得到的三维球体重力异常叠加如图 6-8 所示。

6.2.2　局部重力异常与区域重力异常背景的叠加

局部重力异常和区域重力异常背景叠加的形式较多,可近似成单个球体、圆柱体和台阶体异常与背景球体、圆柱体和台阶体的重力异常叠加,其中某点的重力异常值同样是局部异常与区域背景异常的叠加值。

例 6-5　利用 MATLAB 编程实现单个球体重力异常与区域背景圆柱体重力异常的叠加,其中 $R_1=40\mathrm{m}, h_1=100\mathrm{m}, \sigma_1=2.3\mathrm{t/m^3}, R_2=50\mathrm{m}, h_2=100\mathrm{m}, \sigma_2=1.1\mathrm{t/m^3}$。

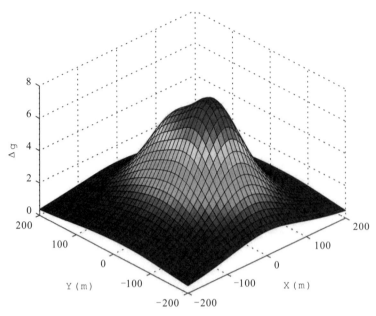

图6-8 两个球体的重力异常叠加效果图

编写的程序代码如下：

```
clear all
clc
G=6.67*1e-2;
D=100;
R1=40;
R2=50;
sigma1=1.1;
sigma2=2.3-sigma1;%相对剩余密度
x=-100:2:100;
y=-100:2:100;
M=4*pi*R1.^3*sigma2/3;%区域背景圆柱体剩余质量
lamda=pi*R2.^2*sigma1;%球体剩余质量
for i=1:size(x,2)
    for j=1:size(x,2)
g1(j,i)=(G*M*D)./(((x(i)-R1).^2+y(j).^2+D^2).^1.5);
g2(j,i)=2*(G*lamda*D)./(x(i).^2+ +D.^2);
g=g1+g2;
    end
end
imagesc(x,y,g);
xlabel('X(m)');
```

```
ylabel('Y(m)');
```

运行程序后得到的单个球体重力异常与圆柱体背景异常叠加结果如图 6-9 所示。

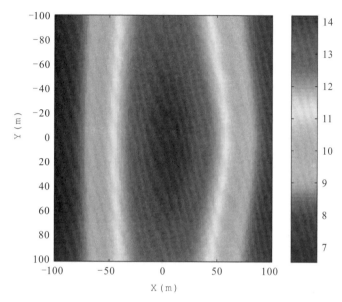

图 6-9 单个球体重力异常与圆柱体背景重力异常叠加效果图

6.3 重力异常的转换处理

6.3.1 重力异常的解析延拓

根据观测平面的重力异常值计算高于或低于该平面的重力异常值称为向上或向下延拓。重力异常值大小与场源到观测点的距离平方成反比,所以,针对深度相差较大的两个场源体,进行相同深度的延拓,则各自异常的减弱和增大的速度不同。向上延拓时,由浅部异常体引起范围小、比较尖锐的"高频"异常,随高度增加的衰减速度比较快,而深部较为宽缓的"低频"异常,随高度增加的衰减速度比较慢,所以,向上延拓有利于突出深部异常;向下延拓时,由浅部异常体引起的比较尖锐的"高频"异常,随深度增加衰减速度比较快,而深部较为宽缓的"低频"异常,随深度增加的衰减速度比较慢,所以,向下延拓有利于突出浅部异常。

通常一维重力异常的向上延拓和向下延拓积分表达式,有近似成有限个积分段之和,表示为:

$$\Delta g(0,-h) = \frac{h}{\pi}\int_{-\infty}^{+\infty} \frac{\Delta g(\xi,0)}{\xi^2+h^2}d\xi = \sum_{i=-n}^{n} \frac{\Delta g(ih,0)}{\pi}\arctan\frac{4}{4i^2+3} \quad (6-4)$$

向上延拓公式可进一步表示为差分的方式进行离散计算,表示为:

$$\Delta g(0,-h) = 0.295\,1\Delta g(0) + 0.165\,3[\Delta g(h) + \Delta g(-h)]$$
$$+ 0.066\,0[\Delta g(2h) + \Delta g(-2h)] + 0.032\,6[\Delta g(3h) + \Delta g(-3h)]$$
$$+ 0.019\,0[\Delta g(4h) + \Delta g(-4h)] + 0.012\,4[\Delta g(5h) + \Delta g(-5h)]$$
$$+ 0.008\,7[\Delta g(6h) + \Delta g(-6h)] + 0.006\,4[\Delta g(7h) + \Delta g(-7h)]$$
$$+ 0.004\,9[\Delta g(8h) + \Delta g(-8h)] + \cdots\cdots$$

(6-5)

向下延拓则基于向上延拓值和原始值,采用拉格朗日插值原理外推获得,表示为:

$$\Delta g(0,-h) = 3.704\,8\Delta g(0) - 0.165\,2[\Delta g(h) + \Delta g(-h)]$$
$$- 0.066\,0[\Delta g(2h) + \Delta g(-2h)] - 0.032\,6[\Delta g(3h) + \Delta g(-3h)]$$
$$- 0.019\,0[\Delta g(4h) + \Delta g(-4h)] - 0.012\,4[\Delta g(5h) + \Delta g(-5h)]$$
$$- 0.008\,7[\Delta g(6h) + \Delta g(-6h)] - 0.006\,4[\Delta g(7h) + \Delta g(-7h)]$$
$$- 0.004\,9[\Delta g(8h) + \Delta g(-8h)] - \cdots\cdots$$

(6-6)

例 6-6 利用 MATLAB 编程实现浅部球体和深部圆柱体叠加异常的向上和向下各延拓 50m 的重力值,其中球体 $R_1 = 60\text{m}, h_1 = 100\text{m}, \sigma_1 = 1.1\text{t/m}^3$;圆柱体 $R_2 = 80\text{m}, h_2 = 500\text{m}, \sigma_2 = 1.1\text{t/m}^3$。

编写的程序代码如下:

```
clear
h=50;%延拓距离
x=-500:5:500;
c1=[0.1653 0.066 0.0326 0.0190 0.0124 0.0087 0.0064 0.0049];%向上延拓差分系数
c2=[0.1653 0.066 0.0325 0.0190 0.0124 0.0087 0.0064 0.0049];%向下延拓差分系数
%%  向上延拓
dg1=0;
for i=1:8
    dg1=dg1+c1(i)*(gravity(x+i*h)+gravity(x-i*h));%向上延拓差分值
end
gup=0.2951*gravity(x)+dg1;
%%  向下延拓
dg2=0;
for i=1:8
    dg2=dg2+c2(i)*(gravity(x+i*h)+gravity(x-i*h));%向下延拓差分值
end
gdown=3.7048*gravity(x)-dg2;
plot(x,gravity(x),'k+');
hold on
plot(x,gup,'b:');
hold on
```

```
plot(x,gdown,'r.');
xlabel('X(m)');
ylabel('\Deltag');
legend('叠加异常','向上延拓 50m','向下延拓 50m');
```

浅部球体与深部圆柱体的叠加重力异常计算函数为:
```
function g=gravity(x)
G=6.67*1e-2;
R1=60;
R2=80;
h1=100;
h2=500;
sigma=1.1;
M=4*pi*R1.^3*sigma/3;
lamda=pi*R2.^2*sigma;
g1=(G*M*h1)./((x.^2+h1^2).^1.5);%球体异常
g2=2*(G*lamda*h2)./(x.^2+h2.^2);%圆柱体异常
g=g1+g2;%叠加
```

运行程序后,得到叠加重力异常向上和向下延拓 10m 后的异常值与原始值的对比如图 6-10 所示。

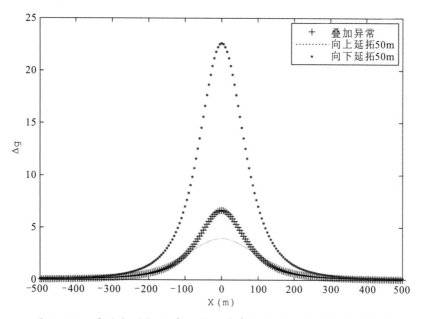

图 6-10　球体与圆柱体叠加重力异常向上和向下延拓值对比图

6.3.2 重力异常的高阶导数法

计算重力异常的导数是重力异常解释中常用的方法,具有三方面的特点:①可根据不同形状地质体的重力异常导数特征,对异常进行解释和分类;②有利于突出浅部浅而小的异常体,压制区域性深部地质因素的重力效应,有利于对叠加重力异常的分离;③有利于相邻地质体引起的叠加重力异常分离。

重力异常的高阶导数 Δg_{zz} 分辨率较高,具有多种计算公式,这里介绍罗森巴赫公式,具体表示如下:

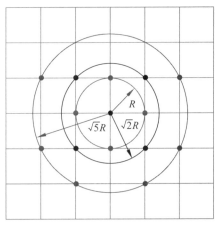

图6-11 计算高阶导数的取数板

$$\Delta g_{zz} = \frac{1}{24R^2}\left[96\Delta g(0) - 72\overline{\Delta g}(R) - 32\overline{\Delta g}(\sqrt{2}R) + 8\overline{\Delta g}(\sqrt{5}R)\right] \quad (6-7)$$

式中取数点位置见取数板(图6-11), $\overline{\Delta g}$ 表示取数点位置上的重力异常均值。

例6-7 利用MATLAB编程实现两个相邻球体重力异常的叠加,并利用罗森巴赫公式计算叠加重力异常的高阶导数 Δg_{zz},两个球体参数分别为 $R_1=30\mathrm{m}$, $R_2=20\mathrm{m}$, $h=80\mathrm{m}$, $\sigma=1.1\mathrm{t/m^3}$,两个球体球心的距离为120m。

编写的程序代码如下:

```
clear all
clc
%%%两个球体的重力异常叠加
G=6.67*1e-2;
R1=30;
R2=20;
D=80;
sigma=1.1;
dx=2;%计算网格
dy=2;
x=-200:dx:200;
y=-200:dy:200;
M1=4*pi*R1.^3*sigma/3;
M2=4*pi*R2.^3*sigma/3;
for i=1:size(x,2)
    for j=1:size(y,2)
g1(i,j)=(G*M1*D)./(((x(i)-60).^2+y(j).^2+D^2).^1.5);
g2(i,j)=(G*M2*D)./(((x(i)+60).^2+y(j).^2+D^2).^1.5);
g=g1+g2;%两个球体异常叠加
```

```
        end
    end
subplot(1,2,1)
imagesc(x,y,g);
xlabel('X(m)');
ylabel('Y(m)');
%%高次导数
R=dx;%取数点半径
dg=zeros(length(x),length(y));
fori=3:length(x)-3
    for j=3:length(y)-3
        dg(i,j)=1/24/R^2*(96*g(i,j)-…
            72*(g(i-1,j)+g(i+1,j)+g(i,j-1)+g(i,j+1))/4-…
            32*(g(i-1,j-1)+g(i+1,j+1)+g(i+1,j-1)+g(i-1,j+1))/4+…
        8*(g(i-2,j-1)+g(i+2,j+1)+g(i+2,j-1)+g(i-2,j+1)+g(i-1,j-2)+g(i+1,j+2)+g(i+1,j-2)+g(i-1,j+2))/8);
    end
end
subplot(1,2,2)
imagesc(x(3:length(x)-3),y(3:length(y)-3),dg(3:length(x)-3,3:length(y)-3));
xlabel('X(m)');
ylabel('Y(m)');
```

运行程序后,得到两个球体的重力异常叠加与其高阶导数的对比如图6-12所示。

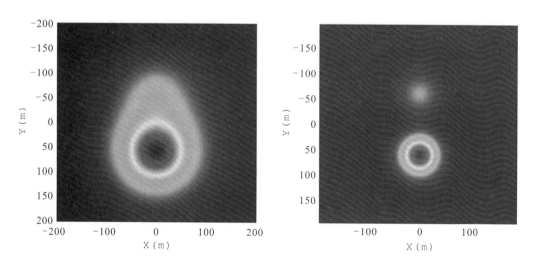

图6-12 两个球体的重力异常叠加与其高阶导数对比图

第7章 磁法勘探程序设计

磁法勘探是通过观测和分析由岩石、矿石(或其他探测对象)的磁性差异所引起的磁异常,研究地质构造和矿产资源(或其他探测对象)的分布规律的一种地球物理勘探方法。本章主要借助 MATLAB 软件介绍磁法勘探中磁异常的正演模拟、磁异常数据处理与磁分量的转换以及磁异常的解析延拓计算等。

7.1 磁异常的正演模拟

磁异常的正演与重力异常的正演较为类似,通过设置磁异常体的形状、产状以及磁距等参数,借助上半空间的磁场公式,计算在地面以及空间范围内引起的磁异常的大小、特征和变化规律。本节将主要介绍几种理想的磁异常模型的正演计算问题。

7.1.1 均匀球体的磁异常

对于均匀球体,磁异常的计算公式可表示为:

$$\begin{cases} H_{ax} = \dfrac{\mu_0}{4\pi} \dfrac{m}{(x^2+y^2+R^2)^{5/2}} [(2x^2-y^2-R^2)\cos I \cos A - \\ \qquad 3Rx\sin I + 3xy\cos I \sin A] \\ H_{ay} = \dfrac{\mu_0}{4\pi} \dfrac{m}{(x^2+y^2+R^2)^{5/2}} [(2y^2-x^2-R^2)\cos I \sin A - \\ \qquad 3Ry\sin I + 3xy\cos I \cos A] \\ Z_a = \dfrac{\mu_0}{4\pi} \dfrac{m}{(x^2+y^2+R^2)^{5/2}} [(2R^2-x^2-y^2)\sin I - \\ \qquad 3Rx\cos I \sin A + 3Ry\cos I \sin A] \end{cases} \tag{7-1}$$

$$\Delta T = H_{ax}\cos I \cos A + H_{ay}\cos I \sin A + Z_a \sin I \tag{7-2}$$

其中,$m=MV$ 为球体有效磁距,$M=kB/\mu_0$ 为磁化强度,单位 A/m;k 为磁化率,单位 SI;B 为磁场强度,单位 nT;V 为球体体积,单位 m^3;R 为球体中心埋深,单位 m;I 为磁化倾角,单位 (°);A 为观测剖面与磁化强度;水平投影夹角,单位 (°)。如图 7-1 所示。

例 7-1 采用 MATLAB 编程计算均匀球体的磁异常,其中球体半径 $r=20$m,球体中心埋深 $R=50$m,$k=0.015$(SI),$B=50\,000$nT,$A=I=45°$。

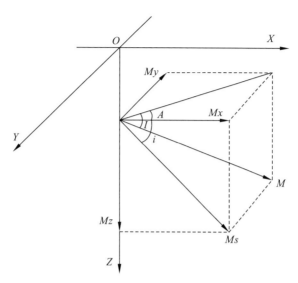

图 7-1 磁异常计算模型

编写的程序代码如下：

```
%球体磁场正演函数
function [Hax,Hay,Za,Delta_T]=MAG_sphere(x,y,R,r,A,I)
%R为球体中心埋深,r为球体半径,A为观测剖面与磁化强度水平投影夹角,I为磁化倾角
B=50000;
k=0.015;
V=4*pi*r^3/3;%球体体积
mu=4*pi*1e-7;
M=k*B/mu;
m=M*V;%球体磁距
for i=1:size(x,2)
    for j=1:size(y,2)
        Hax(j,i)=(mu/(4*pi))*m*((2*x(i).^2-y(j).^2-R^2)*cos(I)*cos(A)…
            -3*R*x(i)*sin(I)+3*x(i)*y(j)*cos(I)*sin(A))/((R^2+x(i).^2+y(j).^2)^2.5);
        Hay(j,i)=(mu/(4*pi))*m*((2*y(j).^2-x(i).^2-R^2)*cos(I)*cos(A)…
            -3*R*y(j)*sin(I)+3*x(i)*y(j)*cos(I)*cos(A))/((R^2+x(i).^2+y(j).^2)^2.5);
        Za(j,i)=(mu/(4*pi))*m*((2*R^2-y(j).^2-x(i).^2)*sin(I)…
            -3*R*x(i)*cos(I)*cos(A)-3*R*y(j)*cos(I)*sin(A))/((R^2+x(i).^2+y(j).^2)^2.5);
        Delta_T(j,i)=Hax(j,i)*cos(I)*cos(A)+Hay(j,i)*cos(I)*sin(A)+Za(j,i)*sin(I);
    end
end
```

调用函数文件:

```
clear
clc
R=50;
r=20;
A=pi/4;
I=pi/4;
x=-100:100;
y=-100:100;
[Hax,Hay,Za,Delta_T]=MAG_sphere(x,y,R,r,A,I);
figure(1)
mesh(x,y,Hax);
xlabel('X(m)');
ylabel('Y(m)');
zlabel('H_a_x');
figure(2)
mesh(x,y,Hay);
xlabel('X(m)');
ylabel('Y(m)');
zlabel('H_a_y');
figure(3)
mesh(x,y,Za);
xlabel('X(m)');
ylabel('Y(m)');
zlabel('Z_a');
figure(4)
mesh(x,y,Delta_T);
xlabel('X(m)');
ylabel('Y(m)');
zlabel('\DeltaT');
```

执行程序后,得到均匀球体磁异常如图 7-2 所示。

7.1.2 无限长水平圆柱体的磁异常

对于无限长水平圆柱体,磁异常计算公式可表示为:

$$\begin{cases} H_{ax} = -\dfrac{\mu_0}{2\pi} \dfrac{m}{(x^2+R^2)^2} [(R^2-x^2)\cos i - 2Rx\sin i] \\ Z_a = \dfrac{\mu_0}{2\pi} \dfrac{m}{(x^2+R^2)^2} [(R^2-x^2)\sin i - 2Rx\cos i] \end{cases} \quad (7-3)$$

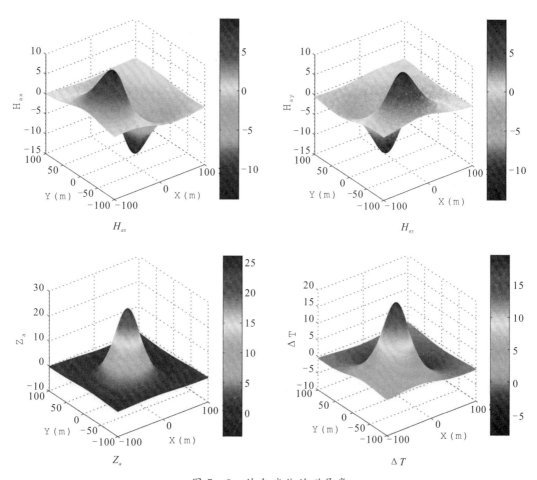

图 7-2 均匀球体的磁异常

$$\Delta T = \frac{\mu_0}{2\pi} \frac{m}{(x^2+R^2)^2} [(R^2-x^2)(\sin i \sin I - \cos i \cos I \cos A) - 2Rx(\cos i \sin I + \sin i \cos I \cos A)] \quad (7-4)$$

其中,各参数的含义同式 7-1。

例 7-2 采用 MATLAB 编程分析水平圆柱体的磁异常,其中圆柱体中心埋深 $R=50\mathrm{m}$,圆柱体截面半径 $r=20\mathrm{m}$,$k=0.015(\mathrm{SI})$,$B=50\,000\mathrm{nT}$,$A=0°$,i 为 $0°$、$45°$和$90°$;I 为 $0°$、$45°$和$90°$。

先编写水平圆柱体磁异常计算的函数文件,代码如下:

```
function [Hax,Za,Delta_T]=MAG_cylinder(x,R,r,A,I,i0)
%R 为圆柱体中心埋深,I 为磁化倾角,A 为观测剖面与磁化强度水平投影夹角,r 为圆柱体截面半径
B=50000;
k=0.015;
S=pi*r*r;%圆柱体横截面积
```

```
mu=4*pi*1e-7;
M=k*B/mu;%磁化强度
m=M*S;%磁距
for i=1:size(x,2)
    Hax(i)=-(mu/(2*pi))*m*((R^2-x(i).^2)*cos(i0)…
        +2*R*x(i)*sin(i0))/((R^2+x(i).^2)^2);
    Za(i)=(mu/(2*pi))*m*((R^2-x(i).^2)*sin(i0)…
        -2*R*x(i)*cos(i0))/((R^2+x(i).^2)^2);
Delta_T(i)=(mu/(2*pi))*m*((R*R-x(i).^2)*(sin(I)*sin(i0)-cos(i0)*cos(A))-2*R*x(i)*(cos(i0))…
        *sin(I)+sin(i0)*cos(I)*cos(A))/((R^2+x(i).^2)^2);
end
```

编写的执行程序代码如下：

```
clear
clc
R=50;
r=20;
A=0;
I=pi/4;
i0=pi/4;
x=-50:50;
[Hax,Za,Delta_T]=MAG_cylinder(x,R,r,A,I,i0);
figure(1)
plot(x,Hax,'r*');
hold on
plot(x,Za,'b.');
hold on
plot(x,Delta_T,'k-');
xlabel('X(m)');
ylabel('Y(nT)')
legend('H_a_x','Z_a','\DeltaT');
```

运行后的水平圆柱体的磁异常曲线如图 7-3 所示。

7.1.3 无限长厚板状体的磁异常

许多地质体可近似看作板状体，如岩墙、岩脉、变质岩系等，对于宽度为 $2b$ 埋深大于 h 的厚板状体，磁异常计算公式可表示为：

$$\begin{cases} H_{ax} = \dfrac{\mu_0 M \sin\alpha}{4\pi} \ln \dfrac{(x-b)^2 + h^2}{(x+b)^2 + h^2} \\ Z_a = \dfrac{\mu_0 M \sin\alpha}{4\pi} \left(\arctan \dfrac{x+b}{h} - \arctan \dfrac{x-b}{h} \right) \end{cases} \quad (7-5)$$

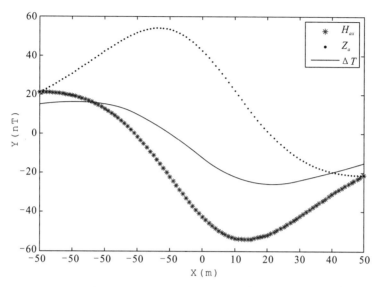

图 7-3 水平圆柱体的磁异常曲线图

其中，$M=kB/\mu_0$ 为磁化强度，k 为磁化率，B 为磁场强度，h 为板的顶界面埋深，α 为板的倾角。

例 7-3 采用 MATLAB 编程分析无限长厚板状体的磁异常，其中板的顶界面埋深 $h=50\text{m}$，板宽的一半 $b=30\text{m}$，$k=0.015(\text{SI})$，$B=50\,000\text{nT}$，α 为 $30°$。

编写的程序代码如下：

```
clear
clc
%% 无限长厚板状磁场正演
B=50000;
k=0.015;
mu=4*pi*1e-7;
M=k*B/mu;
h=50;
b=30;
apha=pi/6;
x=-200:2:200;
for i=1:length(x)
Hax(i)=mu*M*sin(apha)/4/pi*log(((x(i)-b).^2+h^2)/((x(i)+b).^2+h^2));
Za(i)=mu*M*sin(apha)/4/pi*(atan((x(i)+b)/h)-atan((x(i)-b)/h));
end
plot(x,Hax,'r');
hold on
```

```
plot(x,Za,'b*');
xlabel('X(m)');
ylabel('Y(nT)')
legend('H_a_x','Z_a');
```

运行的结果如图 7-4 所示。

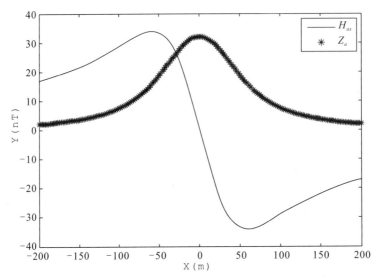

图 7-4 无限长厚板状体的磁异常曲线图

7.2 磁异常分量的换算

磁异常的解释中,具有不同的磁场分量,可以增加解释信息,然而实际工作中可能只测试单一的磁场分量,本节讨论 H_{ax} 与 Z_a 之间的换算。原点处的磁异常分量换算公式可表示为:

$$\begin{cases} H_{ax}(0,0) = \sum_{i=1}^{N} a_1 [Z_a(\xi_i,0) - Z_a(-\xi_i,0)] \\ Z_a(0,0) = -\sum_{i=1}^{N} a_1 [H_{ax}(\xi_i,0) - H_{ax}(-\xi_i,0)] \end{cases} \quad (7-6)$$

其中,$a_1 = \frac{1}{\pi}\left(1 + \frac{1}{2}\ln\frac{\xi_2}{\xi_1}\right)$,$a_i = \frac{1}{2\pi}\ln\frac{\xi_{i+1}}{\xi_{i-1}}$,$a_N = \frac{1}{2\pi}\left(1 + \ln\frac{\xi_N}{\xi_{N-1}}\right)$ 为换算系数。N 为 1~10 时的换算系数如表 7-1 所示。

表 7-1 磁分量换算的换算系数

ξ_i	1	2	3	4	5	6	7	8	9	10
a_i	0.428 6	0.174 9	0.110 3	0.081 3	0.064 5	0.053 6	0.045 8	0.040 0	0.035 5	0.175 9

例 7-4 采用 MATLAB 编程实现磁异常分量间的转换,假设水平圆柱体中心埋深 $R=20\mathrm{m}$,圆柱体界面半径 $r=5\mathrm{m}$,$k=0.015(\mathrm{SI})$,$B=50\,000\mathrm{nT}$,$A=0°$,i 和 I 为 $45°$。

编写的程序代码如下:

```
clear all
clc
%%% 原始曲线
R=20;
r=5;
A=0;
I=pi/4;
i0=pi/4;
x=-100:2:100;
[Hax,Za,Delta_T]=MAG_cylinder(x,R,r,A,I,i0);%调用圆柱体异常正演函数
figure(1)
plot(x,Hax,'r--');
hold on
plot(x,Za,'b');
%%% 参数转换
c=[0.4286 0.1749 0.1103 0.0813 0.0645 0.0536 0.0458 0.0400 0.0355 0.1759];%差分系数
N=size(c,2);%空间差分阶数
for i=2:1:size(Hax,2)%计算区域
    if i>=N+1 & i<=size(Hax,2)-N
    tem=0;
    for j=1:N
        tem=tem-c(j)*(Hax(i+j)-Hax(i-j));
    end
    x1(i)=tem;
    elseif i<N+1
    tem=0;
    for j=1:i-1
        tem=tem-c(j)*(Hax(i+j)-Hax(i-j));
    end
    x1(i)=tem;
    else
```

```
        tem=0;
        for j=1:size(Hax,2)-i
            tem=tem-c(j)*(Hax(i+j)-Hax(i-j));
        end
        x1(i)=tem;
        end
end
plot(x,x1,'*-k');
xlabel('X(m)');
ylabel('Y(nT)')
legend('H_a_x','Z_a','H_a_x→Z_a');
```
运行程序后,原始磁异常曲线与转换后的磁异常曲线如图 7-5 所示。

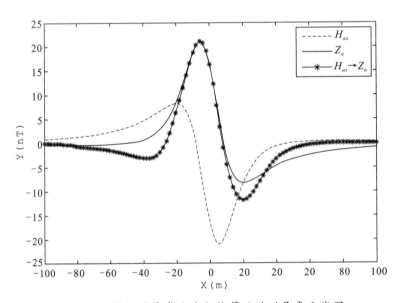

图 7-5　原始磁异常曲线与换算后的磁异常曲线图

7.3　磁异常的解析延拓

磁异常的叠加与重力场叠加的方式类似。空间域磁异常延拓的基础是磁异常的位函数,位函数具有调和函数的性质。换算场源以外的磁异常,例如磁异常的向上延拓,就是要找出函数 u,它在上半空间是调和的,在无穷远处是正则的,在边界 $z=0$ 的平面上的值为 $u(x,0)$,即为半空间狄里克莱问题。本节主要讨论磁异常的叠加以及向上延拓,用于削弱浅部的局部磁异常干扰,反映深部的磁异常信息,其延拓公式为:

$$\begin{cases} H_{ax}(x,z) = -\dfrac{z}{\pi}\displaystyle\int_{-\infty}^{\infty}\dfrac{H_{ax}(\xi,0)}{(\xi-x)^2+z^2}\mathrm{d}\xi \\ Z_a(x,z) = -\dfrac{z}{\pi}\displaystyle\int_{-\infty}^{\infty}\dfrac{Z_a(\xi,0)}{(\xi-x)^2+z^2}\mathrm{d}\xi \\ \Delta T(x,z) = -\dfrac{z}{\pi}\displaystyle\int_{-\infty}^{\infty}\dfrac{\Delta T(\xi,0)}{(\xi-x)^2+z^2}\mathrm{d}\xi \end{cases} \qquad (7-7)$$

在坐标原点处向上延拓 h，利用积分中值定理可以得到：

$$\begin{cases} H_{ax}(0,-h) = \displaystyle\sum_{i=-\infty}^{\infty}\dfrac{H_{ax}(ih,0)}{\pi}\arctan\dfrac{4}{4i^2+3} \\ Z_a(0,-h) = \displaystyle\sum_{i=-\infty}^{\infty}\dfrac{Z_a(ih,0)}{\pi}\arctan\dfrac{4}{4i^2+3} \\ \Delta T(0,-h) = \displaystyle\sum_{i=-\infty}^{\infty}\dfrac{\Delta T(ih,0)}{\pi}\arctan\dfrac{4}{4i^2+3} \end{cases} \qquad (7-8)$$

实际向上延拓过程中，通常取有限个点进行计算，可类似于上节取 $n=5$。

磁异常的向下延拓同样可以通过拉格朗日插值法外推获得，具体表示为：

$$\Delta T(0,h) = C_0 \Delta T(0,0) + \sum_{i=1}^{n} C_i [\Delta T(ih,0) + \Delta T(-ih,0)] \qquad (7-9)$$

延拓系数如表 7-2 所示。

表 7-2 向下延拓系数表

延拓系数(n)	0	1	2	3	4	5
C_i	5.260 4	−2.248 6	0.267 3	−0.060 3	−0.019 0	−0.012 4

例 7-5 采用 MATLAB 编程实现两个不同球体磁异常的叠加和延拓，如图 7-6 所示，球体 1 中心埋深 $R_1=50\mathrm{m}$，半径 $r_1=30\mathrm{m}$，距离中心为 80m；球体 2 中心埋深 $R_2=30\mathrm{m}$，半径 $r_2=15\mathrm{m}$，距离中心为 50m，$k=0.015(\mathrm{SI})$，$B=50\,000\mathrm{nT}$，A 为 $0°$，I 为 $90°$。

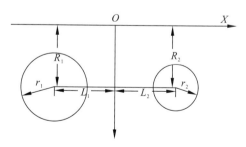

图 7-6 两个球体的磁异常叠加模型

编写程序代码如下：

```
clear all
clc
```

```matlab
%% 原始过地下球体中心地表测线磁异常叠加曲线
dx=5;%测点距
x=-300:dx:300;
A=0;
I=pi/2;
R1=50;R2=30;
r1=30;r2=15;
B=50000;
k=0.015;
[Hax1,Hay1,Za1,DeltaT1]=MAG_sphere(x+80,0,R1,r1,A,I);%调用球体正演函数
[Hax2,Hay2,Za2,DeltaT2]=MAG_sphere(x-50,0,R2,r2,A,I);
DeltaT=DeltaT1+DeltaT2;%两个球体异常叠加
%% 向上延拓
h0=20;%延拓高度
h=h0/dx;%以网格进行计算
n1=5;%计算点数N
m=length(x);
DeltaT_up=zeros(1,m);
for i=h*n1+1:m-h*n1
    tem=0;
    for j=(i-n1*h):h:i+n1*h
        k=((j-i)/h)^2;
        tem=tem+DeltaT(j)*atan(4/(4*k+3))/pi;
    end
    DeltaT_up(i)=tem;
end
%% 向下延拓
C=[-2.2486 0.2673 -0.0603 -0.0190 -0.0124 -0.0087];%延拓系数
m=length(x);
DeltaT_down=zeros(1,m);
n2=6;
for i=h*n2+1:m-h*n2
    dt=0;
for j=1:6
    dt=dt+C(j)*(DeltaT(i+j*h)+DeltaT(i-j*h));
end
DeltaT_down(i)=5.2604*DeltaT(i)+dt;
end
plot(x,DeltaT,'k-');
```

```
hold on
plot(x,DeltaT_up,'r+');
hold on
plot(x,DeltaT_down,'b--');
xlabel('X(m)');
ylabel('\DeltaT(nT)');
legend('原始曲线','向上延拓 20m','向下延拓 20m');
```

运行程序后,得到过地下球体中心地表测线磁异常叠加效果,以及延拓 20m 的结果如图 7-7 所示。

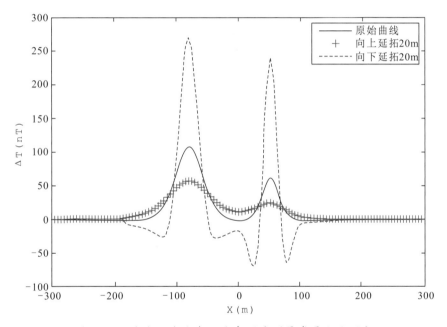

图 7-7　过地下球体中心地表测线磁异常叠加和延拓

扫码即可下载程序包

第8章 电法勘探程序设计

电法及电磁法勘探是依据地层或者矿体的导电性、导磁性和介电性等电磁学和电化学性质的差异,通过研究人工和自然电场、电磁场以及电化学场的空间分布规律和时间变化特性,寻找金属与非金属矿藏、地下水资源,探测构造异常区和矿井突水区,解决能源、工程和环境等相关地质问题的一类重要的地球物理勘探方法。本章将重点介绍直流电测深、大地电磁测深的正演计算,以及电法勘探的半定量和定量反演程序设计。

8.1 直流电测深正演计算

四极装置为简单常用的直流电法观测系统,如图 8-1 所示。供电电极为 A、B,测量电极为 M、N,电极均排列在同一直线上。

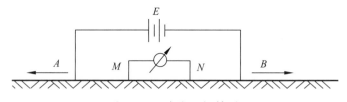

图 8-1 对称四极排列

水平层状地层的视电阻率积分公式可表示为:

$$\rho_s = r^2 \int_0^\infty T_1(m) J_1(mr) m \, \mathrm{d}m \tag{8-1}$$

其中,$T_1(m) = \rho_1[1 + 2B(m)]$ 为电阻率转换函数,$B(m)$ 为核函数,$J_1(mr)$ 为 1 阶贝塞尔函数,令 $K(m) = T_1(m) \cdot m$,代入式(8-1)中,可表示成汉克尔积分的形式:

$$\rho_s = r^2 \int_0^\infty K(m) J_1(mr) \, \mathrm{d}m \tag{8-2}$$

进一步写成汉克尔线性数值滤波公式:

$$\rho_s = r \sum_{1}^{n} K(m_j) W_j \tag{8-3}$$

其中,$m_j = \dfrac{1}{r} \times 10^{[a+(j-1)s]}$,$j$ 为汉克尔积分的计算点数,a 和 s 为相应的计算系数。

对于水平的 n 层地层,电阻率的递推公式可表示为:

$$T_i(m) = \rho_i \frac{\rho_i(1 - \mathrm{e}^{-2mh_i}) + T_{i+1}(m)(1 + \mathrm{e}^{-2mh_i})}{\rho_i(1 + \mathrm{e}^{-2mh_i}) + T_{i+1}(m)(1 - \mathrm{e}^{-2mh_i})} \tag{8-4}$$

其中，ρ_i 和 h_i 分别为各层的电阻率和厚度，并且满足：
$$T_n(m) = \rho_n \tag{8-5}$$
所以，四极装置的直流电测深正演模拟可分为以下几步：

(1) 给定各层电阻率和厚度，根据极距计算 m_i；

(2) 计算电阻率转换函数 $T_1(m)$；

(3) 利用汉克尔积分的线性滤波形式计算视电阻率 ρ_s。

例 8-1 采用 MATLAB 编程实现层状介质的对称四极装置的直流电测深正演计算，其中，$\rho_1 = 100\Omega \cdot m$，$\rho_2 = 200\Omega \cdot m$，$\rho_3 = 50\Omega \cdot m$，$\rho_4 = 300\Omega \cdot m$，$h_1 = 50m$，$h_2 = 150m$，$h_3 = 100m$。

(1) 首先编写电阻率转换函数程序代码：

```
function T=Transfer_Fun(m)
%电阻率转换函数
global rho
global h
N=size(rho,2);
T=rho(N);
for i=N-1:-1:1
    A=1-exp(-2*m*h(i));
    B=1+exp(-2*m*h(i));
    T=rho(i)*(rho(i)*A+T*B)/(rho(i)*B+T*A);
end
```

(2) 再编程实现汉克尔线性滤波函数代码：

```
function rho_s=Hankell(r)
a=-3.05078;s=1.106e-1;%计算系数
wt1=[3.17926e-6
    -9.73812e-6
    1.648662e-5
    -1.81501e-5
    1.875566e-5
    -1.46550e-5
    1.537997e-5
    -6.95628e-6
    1.418816e-5
    3.414457e-6
    2.139417e-5
    2.349624e-5
    4.843403e-5
    7.337330e-5
```

        1.277038e-4
        2.081200e-4
        3.498039e-4
        5.791078e-4
        9.658879e-4
        1.604013e-3
        2.669038e-3
        4.431116e-3
        7.356317e-3
        1.217828e-2
        2.010978e-2
        3.300970e-2
        5.371436e-2
        8.605166e-2
        1.342676e-1
        2.001250e-1
        2.740275e-1
        3.181687e-1
        2.416557e-1
        -5.40549e-2
        -4.46913e-1
        -1.92232e-1
        5.523768e-1
        -3.57429e-1
        1.415105e-1
        -4.61422e-2
        1.482738e-2
        -5.07479e-3
        1.838297e-3
        -6.67743e-4
        2.212775e-4
        -5.66249e-5
        7.882292e-6];%用47点汉克尔滤波系数
rho0=0;
for j=1:size(wt1);
    m=(1/r)*10^(a+(j-1)*s);%计算mi
    Tm=Transfer_Fun(m);%调用电阻率转换函数计算Tm
    Km=Tm*m;
    rho0=rho0+Km*wt1(j);

```
end
rho_s=rho0*r;
```
（3）最后，编写正演计算的脚本文件：
```
clc
clear
global rho
global h
rho=[100,200,50,300];
h=[50,150,100];
r=logspace(0,6,40);%极距参数
for i=1:size(r,2)
    rhos(i)=Hankell(r(i));
end
semilogy(rhos,r,'ro-');%y轴对数坐标
grid on
ylabel('r(m)');
xlabel('\rho_s(\Omega\cdotm)');
set(gca,'yDir','reverse');%y轴倒置
```
运行程序后，得到的水平层状介质的直流电测深正演模拟结果如图 8-2 所示。

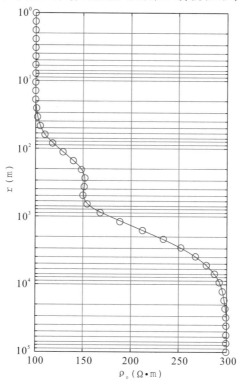

图 8-2　水平层状介质的直流电测深曲线

8.2 大地电磁测深正演计算

本节主要讨论均匀半空间电磁场和层状介质大地电磁响应的正演模拟方法,分别采用解析法和数值计算方法进行模拟。

8.2.1 均匀半空间的电磁场响应特征

1. 解析法

均匀半空间中,在深度 z 处的电场强度解析式可表示为:

$$E_x(z) = E_x(0){\rm e}^{-kz} \qquad (8-6)$$

其中,$k = \sqrt{-i\omega\mu\sigma} = (1-i)\sqrt{\dfrac{\omega\mu\sigma}{2}}$ 为传播系数,μ 为磁导率,$\omega = 2\pi f$ 为角频率。

例 8-2 采用 MATLAB 编程计算均匀半空间的电场强度衰减曲线,电阻率取 $20\,\Omega\cdot{\rm m}$,计算频率为 $10\,{\rm Hz}$。

编写的程序代码如下:

```
clc
clear
%% 均匀半空间电场衰减曲线
mu=(4e-7)*pi;%导磁率
rho=10;
sigma=1/rho;%电导率
f=10;
omega=2*pi*f;%角频率
k=(1-j)*sqrt((mu*sigma*omega)/2);%传播系数
zi=1;
for z=0:10:5000
    E(zi)=exp(-k*z);%Ex/Ex(0); %电场强度
    E_H(zi)=rho*k*exp(-k*z);%Ex/Hy(0); %磁场强度
    realE(zi)=real(E(zi));%取实部
    imagE(zi)=imag(E(zi));%取虚部
    realE_H(zi)=real(E_H(zi));
    imagE_H(zi)=imag(E_H(zi));
    z0(zi)=z;
    zi=zi+1;
end
```

```
subplot(1,2,1)
plot(realE,-z0*0.001,'r-.');
hold on
plot(imagE,-z0*0.001,'b-');
xlabel('E_x/E_x(0)');
ylabel('深度 D(km)');
legend('实部','虚部');
subplot(1,2,2)
plot(realE_H,-z0*0.001,'r-.');
hold on
plot(imagE_H,-z0*0.001,'b-');
xlabel('E_x/H_y(0)');
ylabel('深度 D(km)');
legend('实部','虚部');
```

运行后得到均匀半空间的电场衰减曲线如图 8-3 所示。

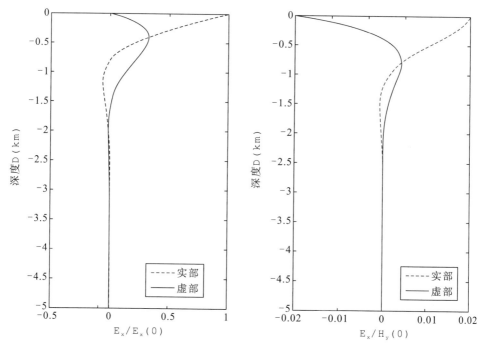

图 8-3 均匀半空间电场衰减曲线图

2. 数值计算法

常见的数值计算方法包括有限元法、有限差分法、伪谱法以及积分方程法等，本节采用有限差分法进行数值计算。根据麦克斯韦方程组，一维大地电磁测深的电场满足下列微分方程：

$$\frac{\partial^2 E_x(z)}{\partial z^2} - k^2 E_x(z) = 0 \qquad (8-7)$$

采用中心差分格式表示微分:

$$\frac{\partial^2 E_x(z)}{\partial z^2} = \frac{E_x(z+\Delta z) - 2E_x(z) + E_x(z-\Delta z)}{\Delta z^2} \qquad (8-8)$$

将式(8-8)代入式(8-7),写成矩阵的形式:

$$\left[\frac{1}{\Delta z^2} \quad -\frac{2}{\Delta z^2} - k^2 \quad \frac{1}{\Delta z^2}\right] \begin{bmatrix} E_x(z-\Delta z) \\ E_x(z) \\ E_x(z+\Delta z) \end{bmatrix} = 0 \qquad (8-9)$$

通过给定深度 $z = D(z)$,剖分成 N 个离散的点,可以计算得到电场强度衰减曲线。

例 8-3 采用有限差分法计算均匀半空间的电场强度衰减曲线,电阻率取 $10\Omega \cdot m$,计算频率为 $10Hz$。

编写的程序代码如下:

```
clc
clear
%%% 有限差分法数值计算大地电磁衰减曲线
DZ=10;
mu=4*pi*1e-7;
f=10;% 计算频率
omega=2*pi*f;% 角频率
rho=10;% 电阻率
D=0.001*(0:-DZ:-5000);% 深度单位转换为 km
N=length(D);
P=sparse(N,1);% 稀疏矩阵
K=sparse(N,N);
K(1,1:2)=[-1/DZ,1/DZ];% 边界处理
K(N,N)=1;
P(1)=i*mu*omega;
for j=2:N-1
    K(j,j-1:j+1)=[1/DZ^2,i*mu*omega/rho-2/DZ^2,1/DZ^2];
end
E=K\P;% Ex/Hy(0)
realE=real(E);% 取实部
imagE=imag(E);% 取虚部
plot(realE,D,'r-.');
hold on
plot(imagE,D,'b-');
xlabel('E_x/H_y(0)');
```

```
ylabel('深度 D(km)');
legend('实部','虚部');
```

采用有限差分法计算得到的大地电磁衰减曲线如图 8-4 所示,可与图 8-3 解析式结果对比。

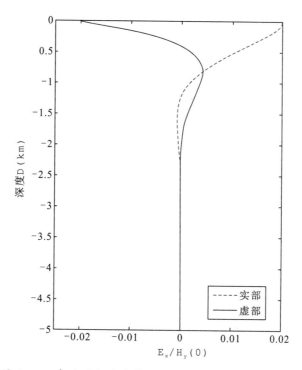

图 8-4 有限差分法计算的大地电磁强度衰减曲线图

8.2.2 层状介质的大地电磁响应特征

水平层状介质的视电阻率和相位公式可表示为:

$$\rho_s = \frac{1}{\omega\mu} |Z_s|^2, \varphi = \arctan \frac{imag[Z_s]}{real[Z_s]} \qquad (8-10)$$

其中,Z_s 为地面的波阻抗。对于水平的 n 层地层,Z_s 采用递推公式计算,第 j 层的阻抗递推公式可表示为:

$$Z_j = Z_{0j} \frac{Z_{0j}(1-e^{-2k_j h_j}) + Z_{j+1}(1+e^{-2k_j h_j})}{Z_{0j}(1+e^{-2k_j h_j}) + Z_{j+1}(1-e^{-2k_j h_j})} \qquad (8-11)$$

其中,h_j 为层厚度,$Z_{0j} = -i\omega\mu/k_j$,$k_j = \sqrt{-i\omega\mu\sigma_j} = (1-i)\sqrt{\frac{\omega\mu\sigma_j}{2}}$ 为传播系数,且在最下层的第 n 层时,可看作是均匀半空间,其波阻抗与特征阻抗相等,即 $Z_n = Z_{0n}$,所以,可以由第 n 层逐层向上递推计算得到地面波阻抗 Z_s。

例 8-4 采用 MATLAB 编程计算层状介质大地电磁的视电阻率和相位特征曲线,其中,$\rho_1 = 100\Omega \cdot m$, $\rho_2 = 200\Omega \cdot m$, $\rho_3 = 50\Omega \cdot m$, $\rho_4 = 300\Omega \cdot m$, $h_1 = 50m$, $h_2 = 150m$, $h_3 = 100m$。

(1)先编写递推函数程序代码:

```
function Z=Recursive_Fun(rho,h)
%% rho 为各层电阻率,h 为各层厚度
global mu
global T
mu=(4e-7)*pi;%相对磁导率
T=logspace(-6,4,60);%计算时间
a=size(rho,2);b=size(T,2);
k=zeros(a,b);
for N=1:a
    k(N,:)=sqrt(-i*2*pi*mu./(T.*rho(N)));%计算 k(i)
end
Z=-(i*mu*2*pi)./(T.*k(a,:));%计算 Z(n)
for n=a-1:-1:1
    A=-(i*2*pi*mu)./(T.*k(n,:));
    B=exp(-2*k(n,:)*h(n));
    Z=A.*(A.*(1-B)+ Z.*(1+B))./(A.*(1+B)+Z.*(1-B));%迭代计算 Z
end
```

(2)调用阻抗递推函数进行正演计算:

```
clc
clear
global T
global mu
T=logspace(-6,4,60);
rho=[100,200,50,300];
h=[50,150,100];
Zs=Recursive_Fun(rho,h);
rho_s=(T./(2*pi*mu)).*(abs(Zs).^2);%计算视电阻率
phase=-atan(imag(Zs)./real(Zs)).* 180/pi;%计算相位
subplot(1,2,1)
semilogy(rho_s,T,'+-');%y轴对数坐标
xlabel('\rho_s(\Omega\cdotm)');
ylabel('T(s)');
set(gca,'yDir','reverse');%y轴倒置
grid on
subplot(1,2,2)
```

```
semilogy(phase,T,'.--');%y轴为对数坐标
xlabel('\phi\circ');
ylabel('T(s)');
set(gca,'yDir','reverse');
grid on
```

运行程序后,得到层状介质的大地电磁视电阻率和相位响应曲线如图 8-5 所示。

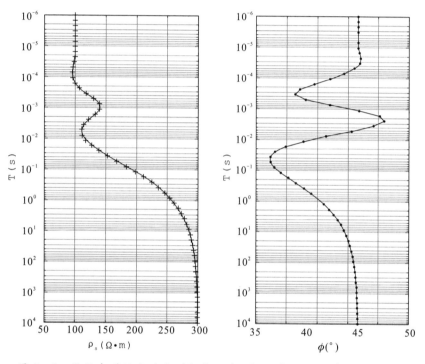

图 8-5 层状介质的大地电磁视电阻率(左)和相位响应特征曲线(右)

8.3 电法勘探的反演计算

反演计算是电法勘探理论和应用的重要组成部分,即建立初始简单的地电模型,进行正演计算,并通过迭代和修正模型参数,使其响应特征与实测结果相符,从而获取地下的地电场分布特征。

8.3.1 Bostick 法半定量反演

Bostick 法是大地电磁测深的半定量反演方法,反演结果通过观测数据的直接计算得到,不需要进行迭代和修正计算,其算法简单,具有唯一解,但反演精度不高,只能基本反映出地电断面的特性,通常作为精确反演的初始模型。

其反演的基本计算公式表示为：

$$\begin{cases} H = \sqrt{\dfrac{\rho_s}{\omega\mu}} \\ \rho(H) = \rho_s \left(\dfrac{\pi}{2\varphi} - 1\right) \end{cases} \qquad (8-12)$$

例 8-5 采用 MATLAB 编程实现层状介质的大地电磁 Bostick 法反演，观测数据采用例 8-4 的数据。

反演程序代码如下：

```
clc
clear
%% 反演数据
global T
global mu
T=logspace(-4,4,30);
rho=[100,200,50,300];
h=[50,150,100];
Zs=Recursive_Fun(rho,h);% 调用转换函数
rho_s=(T./(2*pi*mu)).*(abs(Zs).^2);% 视电阻率计算
phase=-atan(imag(Zs)./real(Zs)).*180/pi;% 相位计算
%% Bostick 法反演
H=sqrt((rho_s.*T)./(2*pi*mu));% 深度反演计算
rho_H=rho_s.*(180./(2*phase)-1);% 电阻率反演计算
figure(1)
stairs(rho_H,H);% 反演结果
hold on
rho=[100,100,200,50,300];
h=[1,50,200,300,1000000];
stairs(rho,h,'r--');% 原始模型
set(gca,'yscale','log');
set(gca,'ydir','reverse');
xlim([0,400]);
ylim([1,10^5]);
xlabel('\rho(\Omega\cdotm)');
ylabel('深度 D(m)');
legend('反演结果','原始模型');
```

反演结果与原始模型对比如图 8-6 所示。

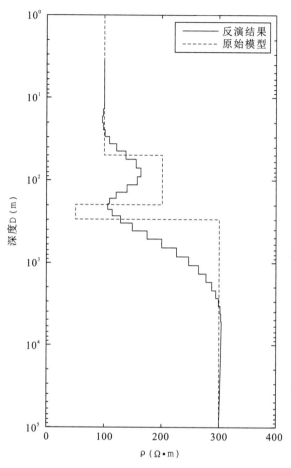

图 8-6 Bostick 法反演结果

8.3.2 最优化反演

1. 最小二乘光滑约束反演

地球物理的反演问题通常是不适定的,存在多解性,也就是说同一观测记录存在多种模型的响应结果与之对应。本节介绍最小二乘光滑约束反演,用于实现地球物理问题的最优化反演。

通常情况下为了改善反演的稳定性和多解性问题,引入 Tikhonov 的正则化思想,则目标函数可表示为:

$$P^\alpha(x) = \|[d^{obs} - d(x)]\|^2 + \alpha \|W_x(x - x^{ref})\|^2 \tag{8-13}$$

其中,α 为正则化因子,d^{obs} 为观测数据,$d(x)$ 为正演响应,W_x 为光滑度矩阵,x^{ref} 为先验信息;前一项为数据目标函数,后一项为模型约束目标函数。

将 $d(x)$ 用泰勒级数展开,表示为:

$$d(x^{k+1}) = d(x^k) + J^k \Delta x + O(\Delta x^2) \tag{8-14}$$

其中,$\Delta x = x^{k+1} - x^k$,x^k为模型的第k次迭代参数,$J^k = \frac{\partial d}{\partial x}|x^k$为雅克比灵敏度矩阵。代入式(8-13)中有:

$$P^\alpha(x^{k+1}) = \|[d^{obs} - d(x^k) - J^k \Delta x]\|^2 + \alpha \|W_x(x^k - x^{ref})\|^2 \quad (8-15)$$

对Δx求导并等于0,求目标函数的极小值,得到:

$$(J^{kT}J^k + \alpha W_x^T W_x)\Delta x = J^{kT}(d^{obs} - d^k) + \alpha W_x^T W_x(x^{ref} - x^k) \quad (8-16)$$

式中,T为矩阵的转置,令$\Delta x = x^{k+1} - x^k$,式(8-16)可写成:

$$(J^{kT}J^k + \alpha W_x^T W_x)\Delta x = J^{kT}(d^{obs} - d^k + Jx^k - Jx^{ref}) \quad (8-17)$$

写成迭代形式为:

$$x^{k+1} = x^{ref} + (J^{kT}J^k + \alpha W_x^T W_x)^{-1} J^{kT}(d^{obs} - d^k + Jx^k - Jx^{ref}) \quad (8-18)$$

通过解方程得到模型的修正量Δm,将其加到预测模型参数中,得到新的模型;通过多次迭代,使得观测数据与模型响应误差小于一定值,即认为模型参数就是反演结果。

最小二乘光滑约束反演的函数程序代码如下:

```
function [x,rms]=nonlin_inv(d,x0,W,target,maxit,xref)
%% d 观测数据
%% x0 起始值
%% W 模型权系数矩阵
%% target 反演目标函数最大值
%% maxit 最大循环次数
%% forward 正演函数
%% sens 偏导数计算函数
%% xref 先验模型参数
x=x0;
for i=1:maxit
    J=mtsens(x);%雅克比灵敏度矩阵
    d_pred=mt_forward(x);%正演响应
    misfit_old=norm(d-d_pred)^2;%数据目标函数
    model_norm_old=norm(W*(x-xref))^2;%模型约束目标函数
    rhs=d-d_pred+J*x-J*xref;
    alpha_max=max(10*svd(J*inv(W)));
    alpha_min=alpha_max*1e-7;
    numsteps=10;
    alpha=logspace(log10(alpha_min),log10(alpha_max),numsteps);%正则化因子矩阵
    for j=1:numsteps
        x_try=(J'*J+alpha(j)*W'*W)\(J'*rhs);
        x_try=x_try+xref;
        d_try=mt_forward(x_try);
        misfit_try(j)=norm(d-d_try)^2;
```

```
            model_norm_try(j)=norm(W*(x_try-xref))^2;
            phi_old_try(j)=alpha(j)*model_norm_old+misfit_old;%总目标函数
            phi_new_try(j)=alpha(j)*model_norm_try(j)+misfit_try(j);
        end
        good_index=find(phi_old_try>phi_new_try);%找出最佳正则化因子
        good_alphas=alpha(good_index);
        good_misfit=misfit_try(good_index);
        [minmis,place]=min(good_misfit);
        if minmis>target
        %%%判断是否达到反演目标函数最大容忍值
            alphas=good_alphas(place(1));
            misfits=good_misfit(place(1));
        else
            [minmis1,place1]=min(abs(good_misfit-target));
            alphas=good_alphas(place1(1));
            misfits=good_misfit(place1(1));
        end
        alpha=alphas;
        x_try=(J'*J+alpha*W'*W)\(J'*rhs);
        x_new=x_try+xref;
        if norm(x_new-x)/max(norm(x),norm(x_new))<1e-2
        %%%判断是否收敛
            disp('反演收敛')
            x=x_new;
            break
        else
            x=x_new;
        end
    end
    d_pred=mt_forward(x);
    rms=norm(d-d_pred)/norm(d);%残差
```

2. 大地电磁测深反演

大地介质可分成一系列的薄层,假设层厚一定时,电阻率是反演的唯一参数,这样模型参数 m 可表示为:

$$m = (\rho_1, \rho_2, \cdots, \rho_M) \tag{8-19}$$

其中, $M > N$ (N 为实际地电模型的层参数)。

最优化算法反演需要给出正演函数和偏导数计算函数,即计算雅克比灵敏度矩阵,可采用差分法计算。

(1)正演函数的程序代码如下:

```
function d=mt_forward(rho)
global h;
rho=rho';
mu=(4e-7)*pi;
T=logspace(-6,4,60);%计算时间
a=size(rho,2);b=size(T,2);
k=zeros(a,b);
for N=1:a
    k(N,:)=sqrt(-i*2*pi*mu./(T.*rho(N)));%计算k(i)
end
    Z=-(i*mu*2*pi)./(T.*k(a,:));%计算Z(n)
for n=a-1:-1:1
    A=-(i*2*pi*mu)./(T.*k(n,:));
    B=exp(-2*k(n,:)*h(n));
    Z=A.*(A.*(1-B)+Z.*(1+B))./(A.*(1+B)+Z.*(1-B));
end
rho_s=(T./(2*pi*mu)).*(abs(Z).^2);
phase=-atan(imag(Z)./real(Z)).*180/pi;
d=[rho_s phase]';
```

(2)偏导数计算函数程序代码如下:

```
function J=mtsens(rho)
b=mt_forward(rho);
for n=1:length(rho)
    e=zeros(size(rho));
    eh=1e-3*rho(n);
    e(n)=eh;
    b1=mt_forward(rho+e);
    J(:,n)=(b1-b)/eh;
end
```

大地电磁测深反演时,可将Bostick反演结果作为反演的初始参数,反演时假设地电模型的层厚一定,反演参数为电阻率。

例8-6 利用MATLAB编程实现层状介质的最小二乘光滑约束反演,观测数据采用例8-4的数据。

编写的程序代码如下:

```
clear
clc
global h;
mu=(4e-7)*pi;
```

```
T=logspace(-6,4,60);
rho=[100,200,50,300];
h=[50,150,100];
Zs=Recursive_Fun(rho,h);
rho_s=(T./(2*pi*mu)).*(abs(Zs).^2);
phase=-atan(imag(Zs)./real(Zs)).*180/pi;
b=[rho_s phase]';
T=logspace(-6,4,60);
H=sqrt((rho_s.*T)./(2*pi*mu));
rho_H=rho_s.*(180./(2* phase)-1);%Bostick 反演结果作为初始的反演参数
h=diff(H);
x0=rho_H';
xref=x0;
W=speye(60);
[x,rms]=nonlin_inv(b,x0,W,1e-3,10,xref);%调用非线性反演函数
rho_inv=x;
figure(1)
rho=[100,100,200,50,300];%各层电阻率参数
h=[1,50,200,300,1000000];%各层深度,最下面一层取较大值
stairs(rho,h,'r--');%原始模型
hold on
stairs(rho_H,H,'b-');%Bostick 反演结果
hold on
stairs(rho_inv,H,'k.-');%阶梯状显示
set(gca,'yscale','log');
set(gca,'ydir','reverse');
xlim([0,400]);
ylim([1,10^5]);
xlabel('\rho(\Omega\cdotm)');
ylabel('深度 D(m)');
legend('原始模型','Bostick 反演结果','最优化反演结果');
```

程序运行结果如图 8-7 所示。可以看出,最优化反演的结果要明显优于 Bostick 反演结果,更接近于实际模型。

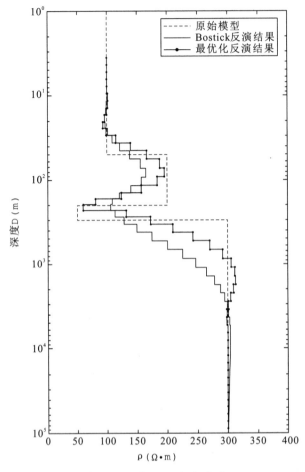

图 8-7 最优化反演结果

第 9 章　地震勘探程序设计

扫码即可下载程序包

地震勘探是地球物理勘探中的一种重要勘探手段，是解决油气和固体矿产勘探问题的有效方法。地震勘探利用地下岩层弹性和密度的差异，通过采集、处理和解释分析大地对人工激发地震波的响应，推断地下岩层的弹性性质和赋存形态等。目前，地震勘探在煤田和工程地质勘查、区域地质研究和地壳研究等方面得到了广泛应用。本章主要借助 MATLAB 软件介绍地震勘探中的正演数值模拟、地震数据读取与输出、地震数据处理等程序设计问题。

9.1　地震波时距曲线

地震波的时距曲线反映了地震波传播过程中的运动学特征，通过研究不同类型地震波的传播时间与观测距离之间的关系来解决地下地质构造和地质异常体的解释与识别问题。不同类型的地震波，如直达波、反射波、折射波和面波等，它们的时距曲线特征各不相同，可通过时距曲线加以区分和识别。而特定类型地震波的时距曲线，如反射波和折射波，它们与地震界面(反射界面或折射界面)的埋藏深度、起伏形态等直接相关。因此，本节主要介绍理想模型条件下各类型地震波时距曲线的绘制方法。

9.1.1　单一水平界面的地震波时距曲线

在单一水平界面条件下，地震波的传播规律如图 9-1 所示。图中地层界面埋深为 h，入射角为 θ，临界角为 i，波在上、下地层中传播的速度分别为 V_1 和 V_2，炮检距为 x。

(1) 直达波指未经过反射和折射，直接到达检波器的地震波，其时距曲线可表示为：

$$t = \frac{x}{V_1} \tag{9-1}$$

(2) 反射波的传播路径为 $OP+PQ$，传播时间 t 等于传播距离除以其在介质中的传播速度，所以，其时距曲线可表示为：

$$t = \frac{OP+PQ}{V_1} = \frac{\sqrt{4h^2+x^2}}{V_1} \tag{9-2}$$

(3) 折射波的传播路径为 $OA+AB+BC$，其中 OA 段和 BC 段的传播速度为 V_1，AB 段的传播速度为 V_2，所以，折射波的时距曲线方程可表示为：

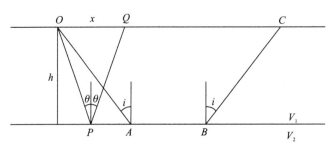

图 9-1 单一水平界面条件下的地震波传播

$$t = \frac{OA+BC}{V_1} + \frac{AB}{V_2} = \frac{2h\cos i}{V_1} + \frac{x}{V_2} \qquad (9-3)$$

其中,$\sin i = \dfrac{V_1}{V_2}$。

例 9-1 假设地下有单一水平地层界面,埋藏深度为 200m,界面上、下地层均为各向同性的均匀介质,P 波速度分别为 1500m/s 和 2500m/s。炮检距为 -600～600m,检波点距为 2m,震源位置为(0,0),采用 MATLAB 编程绘制不同类型地震波的时距曲线。

程序设计代码如下:

```
clear
clc
x=-600:10:600;%炮检距和检波点距
h=200;
V1=1500;
V2=2500;
theta=asin(V1/V2);%临界角
%%% 直达波时距曲线
t1=abs(x)./V1;
%%% 反射波时距曲线
t2=sqrt(x.*x+4*h*h)/V1;
%%% 折射波时距曲线
xm=2*h*tan(theta);%折射波的最小偏移距
k=1;
for i=1:length(x)
    if abs(x(i))>xm
        t3(k)=2*h*cos(theta)/V1+abs(x(i))/V2;
        x3(k)=x(i);
        k=k+1;
    end
end
```

```
x3_1=x3(1,1:length(x3)/2);x3_2=x3(1,length(x3)/2+1:length(x3));
t3_1=t3(1,1:length(x3)/2);t3_2=t3(1,length(x3)/2+1:length(x3));
plot(x,t1,'r+');
hold on
plot(x,t2,'b-');
hold on
plot(x3_1,t3_1,'k-.');
hold on
plot(x3_2,t3_2,'k-.');
set(gca,'ydir','reverse');
xlabel('炮检距 (m)');
ylabel('双程旅行时 (s)');
legend('直达波','反射波','折射波');
```

执行以上程序绘制的地震波时距曲线如图 9-2 所示。

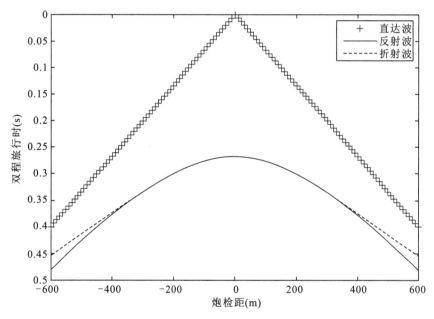

图 9-2 单一水平界面条件下的地震波时距曲线

9.1.2 单一倾斜地层界面的地震波时距曲线

单一倾斜地层界面条件下,地震波的传播规律如图 9-3 所示。图中界面垂直深度为 h,入射角为 θ,临界角为 i,地层倾角为 φ,波在上、下地层中的传播速度分别为 V_1 和 V_2,炮检距为 x。

(1)直达波的时距曲线方程与单一水平地层界面的情况相同。

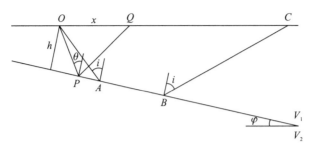

图 9-3 单一倾斜地层界面条件下的地震波传播

(2) 反射波的传播路径为 $OP+PQ$，传播时间 t 等于传播距离除以波在介质中的传播速度，所以，其时距曲线可表示为：

$$t = \frac{\sqrt{x^2 + 4h^2 \pm 4hx\sin\varphi}}{V_1} \quad (9-4)$$

(3) 折射波的传播路径为 $OA+AB+BC$，其中 OA 段和 BC 段的传播速度为 V_1，AB 段的传播速度为 V_2，所以，折射波的时距曲线方程可表示为：

$$t = \frac{x\sin(i \pm \varphi)}{V_1} + \frac{2h\cos i}{V_1} \quad (9-5)$$

其中，$\sin i = \dfrac{V_1}{V_2}$。

例 9-2 假设地下有单一倾斜地层界面，地层倾角为 $10°$。炮点坐标为 $(0,0)$，法向深度为 $200m$，界面上、下地层均为各向同性的均匀介质，P 波速度分别为 $1500m/s$ 和 $2500m/s$。下倾方向观测，炮检距为 $0\sim1000m$，检波点距为 $2m$。采用 MATLAB 编程绘制不同类型地震波的时距曲线。

程序设计代码如下：

```
clear
clc
x=0:20:1000;%炮检距和检波点距
h=200;
V1=1500;
V2=2500;
theta=asin(V1/V2);%临界角
psi=15*pi/180;%地层倾角
%%% 直达波
t1=x./V1;
%%% 反射波
t2=sqrt(x.*x+4*h.^2+4*h*x*sin(psi))/V1;
%%% 折射波
OM=2*h*sin(theta)/cos(theta+psi);%折射波盲区
```

```
x3=OM:1000;
t3=(x3*sin(theta+psi)+2*h*cos(theta))/V1;
plot(x,t1,'r+');
hold on
plot(x,t2,'b-');
hold on
plot(x3,t3,'k-.');
set(gca,'ydir','reverse');
xlabel('炮检距 (m)');
ylabel('双程旅行时 (s)');
legend('直达波','反射波','折射波');
```

运行程序,绘制的时距曲线如图 9-4 所示。

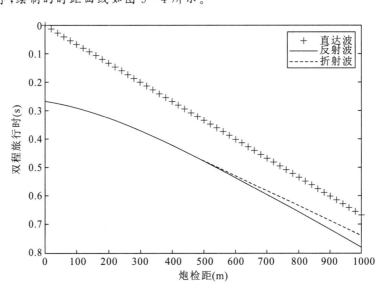

图 9-4 单一倾斜界面地震波时距曲线

9.1.3 绕射波时距曲线

绕射波的传播路径如图 9-5 所示。图中绕射点埋深为 h,与炮点水平距离为 d,波在地层中的传播速度为 V,炮检距为 x。

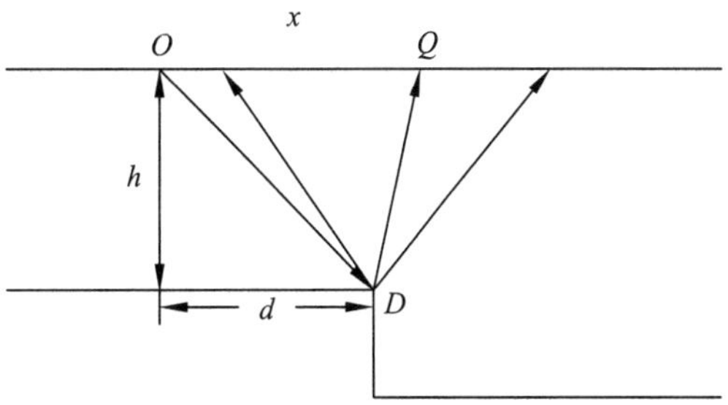

地震波由震源传播到绕射点处,绕射点可以看作新的震源,绕射波沿着不同射线路径传播到地面观测点,所以,其时距曲线可表示为:

$$t = \frac{OD + DQ}{V} = \frac{\sqrt{h^2 + d^2} + \sqrt{h^2 + (x-d)^2}}{V}$$

(9-6)

图 9-5 绕射波的传播

例 9-3 假设地下有一个绕射点,埋藏深度为 400m,地层的 P 波速度为 1500m/s,炮检距为 −1000~1000m,检波点间距为 10m,绕射点与炮点的水平距离为 200m。编写 MATLAB 程序绘制绕射波的时距曲线。

程序设计代码如下:
```
clear
clc
x=-1000:10:1000;
h=400;V1=1500;d=200;
%%直达波
t1=abs(x)/V1;
%%绕射波
t2=(sqrt(h.^2+d.^2)+sqrt(h.^2+(x-d).^2))/V1;
plot(x,t1,'r--');
hold on
plot(x,t2,'b-');
set(gca,'ydir','reverse');
xlabel('炮检距 (m)');
ylabel('双程旅行时 (s)');
legend('直达波','绕射波');
```

运行程序后,绘制的绕射波时距曲线如图 9-6 所示。

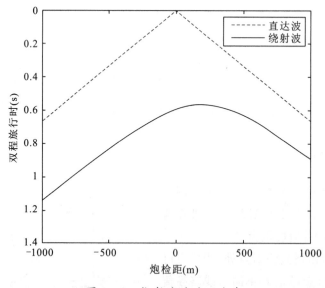

图 9-6 绕射波的时距曲线

9.2 合成地震记录的制作

在地震模型正演模拟、地震数据处理、测井校正以及基于模型的地震反演等工作中,经常会用到合成地震记录。地震记录由地震子波和反射系数褶积得到,合成地震记录通常由理想地震子波或井子波与理想模型的反射系数或测井数据计算得到的反射系数进行褶积制作而成。本节将主要介绍合成地震记录的编程实现和显示。

9.2.1 地震子波

地震记录褶积模型的其中一个分量就是地震子波,地震子波可分为多种类型,按照相位特性可分为零相位子波、最小相位子波、最大相位子波和混合相位子波;按照来源不同又可分为理论子波、井子波、地震道子波。本节将主要介绍在正演模拟中常用的零相位子波——雷克子波。

雷克子波的数学表达式为:

$$w(t) = [1 - 2(\pi f_m t)^2] e^{-(\pi f_m t)^2} \tag{9-7}$$

其中,f_m 为峰值频率。

例 9-4 采用 MATLAB 编写雷克子波函数,显示峰值频率为 60Hz 和 90Hz 的雷克子波波形。

(1)首先编写雷克子波函数,代码如下:

```
function wavelet=ricker(dt,fm,nt)
% dt 为采样率
% fm 为峰值频率
% nt 为采样点数
tmin=-dt*round(nt/2);
tmax=-tmin-dt;
tw=tmin:dt:tmax;
wavelet=(1-2.*tw.^2*pi^2*fm^2).*exp(-tw.^2*pi^2*fm^2);
```

(2)调用雷克子波函数,显示峰值频率为 60Hz 和 90Hz 的雷克子波波形,实现的程序代码如下:

```
clear all
clc
[wavelet1,t1]=ricker(0.001,60,512);%调用雷克子波函数
[wavelet2,t2]=ricker(0.001,90,512);
plot(t1,wavelet1,'r--',t2,wavelet2,'b-');
set(gca,'XLim',[-0.03,0.03]);
legend('峰值频率 60Hz','峰值频率 90Hz');
```

```
xlabel('时间(s)');
ylabel('振幅');
```

运行程序后的结果如图 9-7 所示。

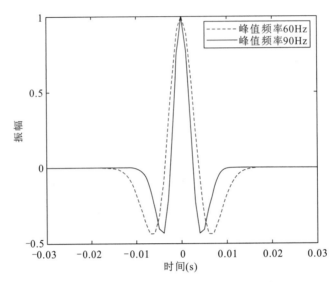

图 9-7　峰值频率分别为 60Hz 与 90Hz 的雷克子波波形

9.2.2　合成地震记录

合成地震记录的褶积模型可表示为：
$$S(t) = R(t) * w(t) \tag{9-8}$$

其中，$R(t) = (\rho_i V_i - \rho_{i-1} V_{i-1})/(\rho_i V_i + \rho_{i-1} V_{i-1})$ 为反射系数序列。

例 9-5　编写 MATLAB 程序实现合成地震记录的制作与显示，地震子波为雷克子波，峰值频率为 50Hz，介质模型为单一水平界面，界面埋深为 50m；上层介质 P 波速度为 2000m/s，密度为 1500kg/m³，下层介质 P 波速度为 3000m/s，密度为 2000kg/m³；炮检距为 0～250m，道间距为 5m，炮点位置为 (0,0)。

程序设计代码如下：

```
clc
clear
V1=2000;
V2=3000;
d1=1.5;%上层介质密度
d2=2.0;%下层介质密度
trace=50;%道数
dt=5;%道间距
h=50;
```

```
tt=zeros(200,trace);
wavelet=ricker(0.001,50,256);%调用雷克子波函数
for i=1:trace
    t=round(sqrt(((i-1)* dt).^2+4*h*h)/V1/0.001);%计算反射波双程旅行时
    tt(t,i)=(V2*d2-V1*d1)/(V2*d2+V1*d1);%计算反射系数
    syn(:,i)=conv(tt(:,i),wavelet);%褶积
    syn1(:,i)=syn(length(wavelet)/2:1:length(syn(:,i))-length(wavelet)/2,i);
end
wigb(syn1,1);
xlabel('地震道')
ylabel('时间(ms)')
```

运行程序后得到的合成地震记录如图9-8所示。

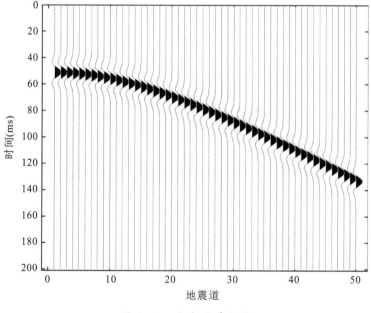

图9-8　合成地震记录

程序中地震记录显示调用的函数wigb.m由网络开源代码提供,具体程序如下:

```
function wigb (a,scal,x,z,amx)
%WIGB: Plot seismic data using wiggles
% IN    a: seismic data
%       scale: multiple data by scale
%       x: x-axis;
%       z: vertical axis (time or depth)
%       x and z are vectors withoffset and time.
```

```matlab
%
%       If only 'a' is enter, 'scal,x,z,amn,amx' are decided automatically;
%       otherwise,'scal' is a scalar; 'x,z' are vectors for annotation in
%       offset and time,amx are the amplitude range.
%
% Author:
%       Xingong Li,Dec. 1995
% Changes:
%       Jun11,1997: add amx
%       May16,1997: updated for v5 - add 'zeros line' to background color
%       May17,1996: if scal ==0,plot without scaling
%       Aug6,1996: if max(tr)==0,plot a line

if nargin == 0,nx=10;nz=10; a = rand(nz,nx)-0.5; end;
[nz,nx]=size(a);
trmx= max(abs(a));
if (nargin <= 4); amx=mean(trmx);   end;
if (nargin <= 2); x=[1:nx]; z=[1:nz]; end;
if (nargin <= 1); scal =1; end;
if nx <= 1; disp(' ERR:PlotWig: nx has to be more than 1');return;end;

% take the average as dx
dx1 = abs(x(2:nx)-x(1:nx-1));
dx = median(dx1);
dz=z(2)-z(1);
xmx=max(max(a)); xmn=min(min(a));
if scal == 0; scal=1; end;
a = a * dx /amx;
a = a * scal;
fprintf(' PlotWig: data range [%f,%f],plotted max %f \n',xmn,xmx,amx);

% set display range
x1=min(x)-2.0*dx; x2=max(x)+2.0*dx;
z1=min(z)-dz; z2=max(z)+dz;
set(gca,'NextPlot','add','Box','on',...
      'XLim',[x1 x2],...
      'YDir','reverse',...
      'YLim',[z1 z2]);
fillcolor = [0 0 0];
```

```
linecolor = [0 0 0];
linewidth = 0.1;
z=z';    % input as row vector
zstart=z(1);
zend =z(nz);
for i=1:nx,
  if trmx(i)~= 0;    % skip the zero traces
    tr=a(:,i);   % ---one scale for all section
    s = sign(tr);
    i1= find( s(1:nz- 1)~= s(2:nz) );    % zero crossing points
    npos = length(i1);

%12/7/97
    zadd = i1 + tr(i1) ./ (tr(i1) -tr(i1+1)); %locations with 0 amplitudes
    aadd = zeros(size(zadd));
    [zpos,vpos] = find(tr >0);
    [zz,iz] = sort([zpos; zadd]);    % indices of zero point plus positives
    aa = [tr(zpos); aadd];
    aa = aa(iz);

% be careful at the ends
        if tr(1)>0,    a0=0; z0=1.00;
        else,     a0=0; z0=zadd(1);
        end;
        if tr(nz)>0,    a1=0; z1=nz;
        else,     a1=0; z1=max(zadd);
        end;
    zz = [z0; zz; z1; z0];
    aa = [a0; aa; a1; a0];
    zzz = zstart + zz*dz -dz;
    patch( aa+x(i) ,zzz,   fillcolor);
    line( 'Color',[1 1 1],'EraseMode','background',  ...
        'Xdata',x(i)+[0 0],'Ydata',[zstart zend]); % remove zero line

%'LineWidth',linewidth, ...
%12/7/97 'Xdata',x(i)+[0 0],'Ydata',[z0 z1]* dz);   % remove zero line
    line( 'Color',linecolor,'EraseMode','background',  ...
        'LineWidth',linewidth, ...
        'Xdata',tr+x(i),'Ydata',z);    % negatives line
```

```
        else % zeros trace
        line( 'Color',linecolor,'EraseMode','background',   …
              'LineWidth',linewidth,…
              'Xdata',[x(i) x(i)],'Ydata',[zstart zend]);
    end;
end;
```

9.3 地震记录的读取与输出

野外采集的地震数据通常需要读入到计算机中进行数据处理、显示和分析,完成数据处理后又需要进行保存,以用于之后开展的工作;处理后的地震数据同样需要用计算机读取后进行反演、解释和分析工作。因此,本节将详细介绍地震数据存储的基本格式,以及读取、显示和保存的编程实现方法。

9.3.1 SEG-Y 格式

地震数据多以标准 SEG-Y 格式进行存储,标准的 SEG-Y 格式文件包含卷头和道记录块两部分,卷头又包含 ASCII 码区和二进制数区,道记录块又包含道头字区和数据段区。具体格式介绍如下。

1. 卷头:3600 字节

(1) ASCII 码区域:3200 字节(40 条记录×80 字节/每条记录)。

(2) 二进制数区域:400 字节(3201~3600)。

　　3213~3214 字节表示每个记录的数据道数(每炮道数或总道数)。

　　3217~3218 字节表示采样间隔(μs)。

　　3221~3222 字节表示样点数/每道(道长)。

　　3225~3226 字节表示数据样值格式码,1 为浮点。

　　3255~3256 字节表示计量系统:1 为米,2 为英尺。

　　3261~3262 * 字节表示文件中的道数(总道数)。

　　3269~3270 * 字节表示数据域(性质):0 为时域,1 为振幅,2 为相位谱。

"*"标记表示非标准定义。

2. 道记录块

(1) 道头字区:含 60 个字/每个字 4 字节整或 120 个字/每个字 2 字节整,共 240 个字节,按二进制格式存放。

SEG-Y 格式道头说明见表 9-1。

表 9 – 1　SEG – Y 格式道头说明

字号(4字节)	字号(2字节)	字节号	内容	说明
1	1～2	1～4	一条测线中的道顺序号,如果一条测线有若干卷磁带,顺序号连续递增	
2	3～4	5～8	在本卷磁带中的道顺序号。每卷磁带的道顺序号从1开始	
3	5～6	9～12*	原始的野外记录号(炮号)	
4	7～8	13～16	在原始野外记录中的道号	
5	9～10	17～20	测线内炮点桩号(在同一个地面点有多于一个记录时使用)	
6	11～12	21～24	CMP 号(或 CDP 号)。(弯线＝共反射面元号)	
7	13～14	25～28	在 CMP 道集中的道号(在每个 CMP 道集中道号从1开始)	
8 - 1	15	29～30*	道识别码: 1=地震数据;2=死道;3=无效道(空道);4=爆炸信号;5=井口道;6=扫描道;7=计时信号;8=水断信号;9…N=选择使用(N=32767)	
8 - 2	16	31～32	构成该道的垂直叠加道数(1是一道;2是两道相加;…)	
9 - 1	17	33～34	构成该道的水平叠加道数(1是一道;2是两道叠加;…)	
9 - 2	18	35～36	数据类型:1=生产;2=试验	
10	19～20	37～40	从炮点到接收点的距离(如果排列与激发前进方向相反取负值)(分米)	
11	21～22	41～44	接收点的地面高程。高于海平面的高程为正,低于海平面为负(cm)	
12	23～24	45～48	炮点的地面高程(cm)	
13	25～26	49～52	炮井深度(正数,cm)	
14	27～28	53～56	接收点基准面高程(cm)	
15	29～30	57～60	炮点基准面高程(cm)	
16	31～32	61～64	炮点的水深(cm)	
17	33～34	65～68	接收点的水深(cm)	
18 - 1	35	69～70	对41～68字节中的所有高程和深度应用此因子给出真值。比例因子＝1,±10,±100,±1 000或者±10 000。如果为正,乘以因子;如果为负,则除以因子。(此约定中＝－100)	

续表 9-1

字号 (4字节)	字号 (2字节)	字节号	内容	说明
18-2	36	71~72	对 73~88 字节中的所有坐标应用此因子给出真值。比例因子=1,±10,±100,±1000 或者±10 000。如果为正,乘以因子;如果为负,则除以因子。(此约定中比例因子=－10)	
19	37~38	73~76	炮点坐标－X(分米)	
20	39~40	77~80	炮点坐标－Y(分米)	
21	41~42	81~84	接收点坐标－X(分米)	
22	43~44	85~88	接收点坐标－Y(分米)	
23-1	45	89~90	坐标单位:1=长度(米或者英尺);2=弧度(秒);如果坐标单位是弧度(秒),X 值代表经度,Y 值代表纬度	
23-2	46	91~92	接收点下风化层速度(低速带速度,m/s)	
24-1	47	93~94	接收点下次风化层速度(降速带速度,m/s)	
24-2	48	95~96	震源处的井口时间(ms)	
25-1	49	97~98	接收点处的井口时间(ms)	
25-2	50	99~100	炮点的野外一次静校正值(ms)	
26-1	51	101~102	接收点的野外一次静校正值(ms)	
26-2	52	103~104	总野外一次静校正量(若未用静校时为零,ms)	
27-1	53	105~106	延迟时间－A,以 ms 表示。240 字节的道标识的结束和时间信号之间的时间。如果时间信号出现在道头结束之前为正。如果时间信号出现在道头结束之后为负。时间信号就是起始脉冲,它记录在辅助道上或者由记录系统指定	
27-2	54	107~108	时间延迟－B,以 ms 表示。为时间信号和起爆之间的延迟时间。可正可负	
28-1	55	109~110	延迟记录时间,以 ms 表示。震源的起爆时间和开始记录数据样点之间的时间(深水时,数据记录不从时间零开始)	
28-2	56	111~112	起始切除时间(ms)	
29-1	57	113~114	结束切除时间(ms)	
29-2	58	115~116 *	本道的采样点数	
30-1	59	117~118 *	本道的采样间隔,以 μs 表示	

续表 9-1

字号 (4字节)	字号 (2字节)	字节号	内容	说明
30-2	60	119~120	野外仪器的增益类型：1＝固定增益；2＝二进制增益；3＝浮点增益；4…N＝选择使用	
31-1	61	121~122	仪器增益常数	
31-2	62	123~124	仪器起始增益(db)(固定增益)	
32-1	63	125~126	相关码：1＝没有相关；2＝相关	
32-2	64	127~128	起始扫描频率	
33-1	65	129~130	结束扫描频率	
33-2	66	131~132	扫描长度，以 ms 表示	
34-1	67	133~134	扫描类型：1＝线性；2＝抛物线；3＝指数；4＝其他	
34-2	68	135~136	扫描道起始斜坡长度，以 ms 表示	
35-1	69	137~138	扫描道终了斜坡长度，以 ms 表示	
35-2	70	139~140	斜坡类型：1＝线性；2＝COS2；3＝其他	
36-1	71	141~142	滤假频的频率(如果使用)	
36-2	72	143~144	滤假频的陡度	
37-1	73	145~146	陷波频率(如果使用)	
37-2	74	147~148	陷波陡度	
38-1	75	149~150	低截频率(如果使用)	
38-2	76	151~152	高截频率(如果使用)	
39-1	77	153~154	低截频率陡度	
39-2	78	155~156	高截频率陡度	
40-1	79	157~158	数据记录的年	
40-2	80	159~160	日	
41-1	81	161~162	小时(24 小时制)	
41-2	82	163~164	分	
42-1	83	165~166	秒	
42-2	84	167~168	时间代码：1＝当地时间；2＝格林威治时间；3＝其他	
43-1	85	169~170	道加权因子(最小有效位定义为 $2**(-N)$，$N=0,1,2,\cdots,32767$	
43-2	86	171~172	覆盖开关位置 1 处的检波器串(道)号	
44-1	87	173~174	在原始野外记录中第一道的检波器串号	
44-2	88	175~176	在原始野外记录中最后一道的检波器串号	

续表 9-1

字号 (4字节)	字号 (2字节)	字节号	内容	说明
45-1	89	177~178	缺口大小(覆盖滚动的总道数);改为:(=1,单边激发;=2,中间激发)	
45-2	90	179~180	在测线的开始或者结束处的覆盖斜坡位置:1=在后面(下行);2=在前面(上行);改为:=0,无坐标;=1,有高程;=2,有坐标和高程	
46	91~92	181~184	弯线或直测线中每个共反射点的 X 坐标(分米)	
47	93~94	185~188	弯线或直测线中每个共反射点的 Y 坐标(分米)	
48	95~96	189~192	弯线中每个共反射面元中点的 X 坐标(分米)	
49	97~98	193~196	弯线中每个共反射面元中点的 Y 坐标(分米)	
50	99~100	197~200	弯线中输出剖面段的 X 坐标(分米)	
51	101~102	201~204	弯线中输出剖面段的 Y 坐标(分米)	
52-1	103	205~206	测线内接收点桩号	
52-2	104	207~208	站点间距或道间距(分米)	
53-1	105	209~210	道数/每炮	
53-2	106	211~212	炮点下低速带速度(m/s)	
54-1	107	213~214	炮点下降速带速度(m/s)	
54-2	108	215~216	CMP(CDP)点或共面元中点间距(分米)	
55-1	109	217~218	测线内有效站点总数	
55-2	110	219~220	剖面内 CMP(CDP)点或共面元点总数	
56-1	111	221~222	炮点剩余静校正量(ms)	
56-2	112	223~224	接收点剩余静校正量(ms)	
57-1	113	225~226	总剩余静校正量(ms)	
57-2	114	227~228	炮点下低速带厚度(分米)	
58-1	115	229~230	接收点下低速带厚度(分米)	
58-2	116	231~232	弯线中该道列号	
59-1	117	233~234	弯线中该道行号	
59-2	118	235~236	弯线中输出剖面段的段号	
60	119-120	237~240	测线内的总道数	

说明:1. 带 * 的字节信息必须记录。

2. 字号(4字节)为 46~60,字号(2节字)为 91~120,字节号为 181~240 的自定义字号及内容,可以选择使用。

3. 46~60 字号内容中(分米)或(* 10)的值需使用字号 36(2字节字)给出真值。

(2)数据段区:浮点4字节(实型数)/每个样值,按二进制格式存放。

9.3.2 地震记录的读取与输出

在掌握了地震数据存储的格式后,可采用第3章介绍的低级文件I/O操作进行地震记录的读写操作。

读取地震数据的具体流程如下。
(1)用fopen函数以读写的方式打开文件;
(2)用fread函数将标准SEG-Y文件中各组成部分读取到对应的数组中;
(3)用wigb函数显示地震记录;
(4)用fclose函数关闭文件。

写地震数据的具体流程如下。
(1)用fopen函数以写的方式打开一个新文件;
(2)用fwrite函数将标准SEG-Y文件中各组成部分的对应数组写入文件;
(3)用fclose函数关闭文件。

例9-6 采用MATLAB编写程序实现地震数据的读取、显示(分别采用变面积图和灰度图进行显示)以及输出。

编写的程序代码如下:

```
%%地震数据的读取
clc
clear all
fid=fopen('E:\li0.segy','rb+','ieee-be');%打开地震数据文件
%%卷头
head1=fread(fid,3200,'*int8');%ASCII码区
head2=fread(fid,200,'*int16');%二进制区
n=200;
%%道记录段
for i=1:1:n
    daohead(:,i)=fread(fid,60,'*int32');%道头
    d(:,i)=fread(fid,head2(11,1),'*float','ieee-be');%道数据
end
%%地震数据的显示
subplot(2,1,1);
wigb(d(:,:),1);%变面积图
xlabel('道号')
ylabel('时间(ms)')
subplot(2,1,2)
imagesc(d);
```

```
colormap('gray');%灰度图
xlabel('道号')
ylabel('时间(ms)')
fclose(fid);
%%地震数据的输出
fid1=fopen('E:\li.segy','w+','ieee-be');%打开一个新文件
fwrite(fid1,head1,'*int8');%ASCII 码区
fwrite(fid1,head2,'*int16');%二进制区
for i=1:1:n
    fwrite(fid1,daohead(:,i),'*int32');%道头
    fwrite(fid1,d(:,i),'*float');%数据
end
fclose(fid1);
```

运行程序后,读取的地震数据分别以变面积图和灰度图的形式进行显示,如图9-9所示。

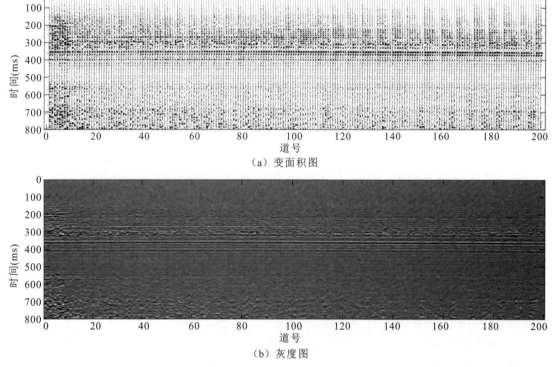

(a) 变面积图

(b) 灰度图

图9-9 地震记录的显示

输出的地震数据采用软件打开后如图 9-10 所示。

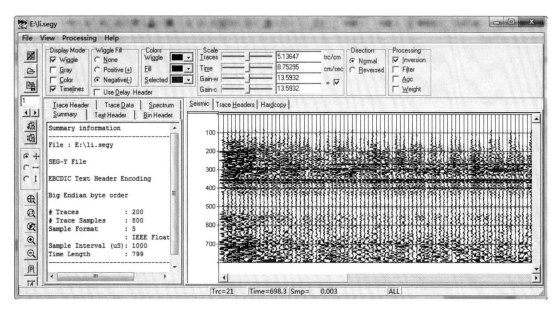

图 9-10　软件输出的地震数据

9.4　地震数据的频谱分析

地震数据属于一种弹性波信号,可借助于傅里叶正变换和逆变换对地震信号进行处理,提取时间域和频率域的有效信息,并进一步挖掘不同尺度下所蕴含的地震信息,提高地震解释的精度。所以,本节将简单介绍地震数据的频谱分析方法。

9.4.1　地震子波的频谱分析

本节分析的地震子波为理想的雷克子波,以快速傅里叶变换(FFT)作为地震子波频谱计算的实现方法。

例 9-7　采用 MATLAB 编程实现峰值频率分别为 60Hz 和 90Hz 的雷克子波的频谱特征对比。

编写的程序代码如下:

```
clear all
wavelet1=ricker(0.001,60,512);%60Hz 雷克子波
wavelet2=ricker(0.001,90,512);%90Hz 雷克子波
%% 快速傅里叶变换
N=2048;%采样点数
Y1=fft(wavelet1,N);%快速傅里叶变换
```

```
Pyy1=Y1(1:N/2+1);%F(k)(k=1:N/2+1);
Y2=fft(wavelet2,N);
Pyy2=Y2(1:N/2+1);
dt=0.001;%采样周期
fmax=1/dt;%最高采样频率
f=fmax*(0:N/2)/N;%频率轴f从零开始
plot(f,abs(Pyy1),'b',f,abs(Pyy2),'r-o');
set(gca,'xlim',[0 300]);
legend('峰值频率 60Hz','峰值频率 90Hz');
xlabel('频率(Hz)');
ylabel('振幅');
```

运行程序后,两类不同峰值频率的雷克子波频谱如图 9-11 所示。

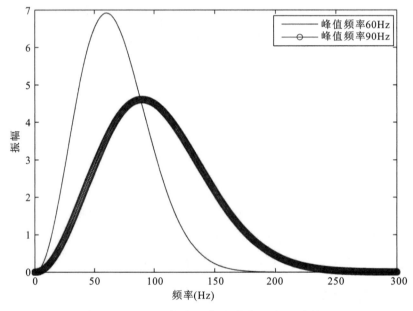

图 9-11　不同峰值频率的雷克子波频谱特征

9.4.2　地震记录的频谱分析

地震数据的频谱分析与地震子波的频谱分析方法类似,同样以快速傅里叶正变换(FFT)和逆变换(IFFT)为实现基础;并且在频率域还可以进行地震数据的滤波、频谱分解等处理,提高地震数据的解释精度。

例 9-8　采用 MATLAB 编程读取地震数据,并实现地震数据的频谱分析。

编写的程序代码如下:

```
clc
clear all
fid=fopen('E:\cmp.segy','rb+','ieee-be');%打开地震数据文件
```

第 9 章 地震勘探程序设计

```
head1=fread(fid,3200,'*int8');%ASCII 码区
head2=fread(fid,200,'*int16');%二进制区
n=200;
for i=1:1:n
    daohead(:,i)=fread(fid,60,'*int32');%道头
    d(:,i)=fread(fid,head2(11,1),'*float','ieee-be');%数据
end
%%地震数据的频谱
figure(1)
wigb(d(:,100:101),1);%显示第 100 道和 101 道数据
N=1024;%采样点数
Y1=fft(d(:,100),N);%快速傅里叶变换
Pyy1=Y1(1:N/2+1);%F(k)(k=1:N/2+1)
dt=0.001;%采样周期
fmax=1/dt;%最高采样频率
f=fmax*(0:N/2)/N;%频率轴 f 从零开始
figure(2)
plot(f,abs(Pyy1),'b')
set(gca,'xlim',[0 200]);
xlabel('频率(Hz)')
ylabel('振幅')
```

运行程序后,地震记录和对应的频谱如图 9-12 所示。

然而,由于快速傅里叶变换的采样长度有限,通常会产生截断效应,所以在快速傅里叶变换之前,通常会进行加窗处理,并且利用窗函数进行频率域的滤波处理。

例 9-9 对例 9-8 的地震记录进行加窗处理,并对比频率域和时间域地震记录特征。

编写的程序代码如下:

```
N=1024;%采样点数
%%设计的窗函数
wcos(1,1:1024)=0;
M=[1:128];
wcos(1,1:128)=0.5*(1-cos(2*pi/(128)*M));%余弦窗
figure(1)
plot(wcos,'b')
set(gca,'xlim',[0 200]);
xlabel('频率(Hz)')
ylabel('振幅')
Y1=fft(d(:,100),N);%快速傅里叶变换
Y2=fft(d(:,100),N).*wcos';%快速傅里叶变换(加窗)
Pyy1=Y1(1:N/2+1);%F(k)(k=1:N/2+1)
```

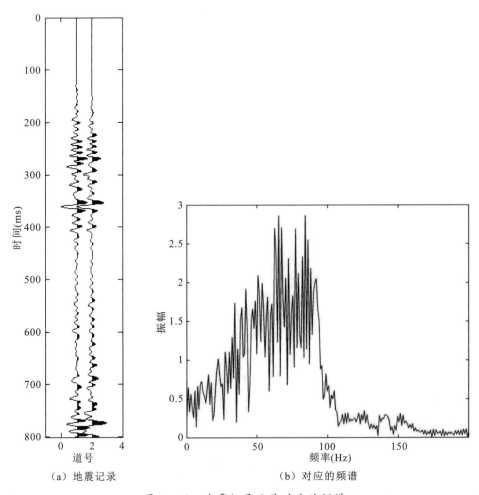

(a) 地震记录　　　　　　　　(b) 对应的频谱

图 9-12　地震记录及其对应的频谱

```
Pyy2=Y2(1:N/2+1);%F(k)(k=1:N/2+1)
dt=0.001;%采样周期
fmax=1/dt;%采样频率
f=fmax*(0:N/2)/N;%频率轴 f 从零开始
subplot(2,1,1)
plot(f,abs(Pyy1),'b')
set(gca,'xlim',[0 200]);
xlabel('频率(Hz)')
ylabel('振幅')
subplot(2,1,2)
plot(f,abs(Pyy2),'b')
set(gca,'xlim',[0 200]);
```

```
xlabel('频率(Hz)')
ylabel('振幅')
D(:,1)=ifft(Y1);D(:,2)=ifft(Y2);%傅里叶逆变换
figure(2)
wigb(D(:,:),1);
set(gca,'ylim',[0 800]);
xlabel('道号')
ylabel('时间(ms)')
```

设计的窗函数图形如图 9-13 所示。

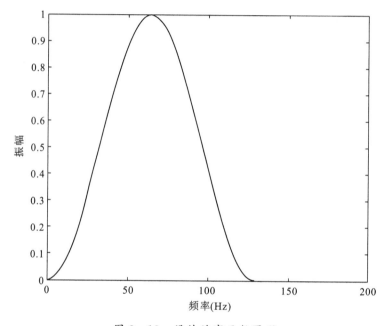

图 9-13 设计的窗函数图形

加窗前后的地震数据频谱如图 9-14 所示,加窗前后时间域的地震记录对比如图 9-15 所示。

9.5 地震数据的处理

地震勘探方法是在地面布置观测系统采集地震波在地下介质传播时反映出的地震信息,但采集的信息并不能直观地显示出地下介质的特点,所以,通常需要对地震数据进行处理,得到用于地震解释的三维地震数据体或二维地震剖面,本节以地震数据的二维滤波和叠后偏移成像为例简单地介绍地震数据处理中的程序设计。

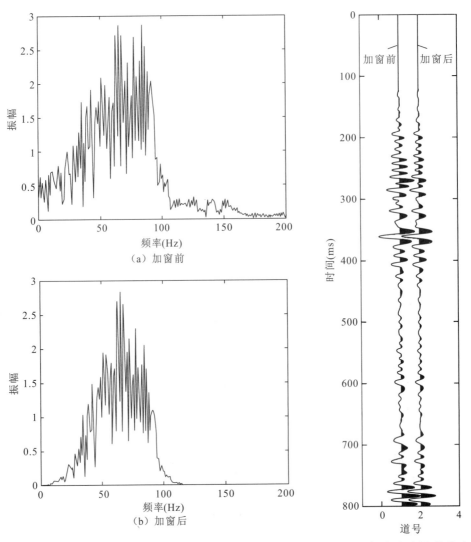

图 9-14　加窗前后的地震数据频谱图　　图 9-15　加窗前后时间域的地震记录

9.5.1　二维频率-波数($f-k$)域滤波

一维滤波是针对干扰波与有效波在频谱上的差异来实现滤波的,使用了时间变量 t。当然可将空间坐标 x 看成 t 进行一维滤波,对应的频率就成为波数 k,即利用干扰波与有效波在波数域的差异进行滤波。若同时考虑两个变量,则成为二维滤波。二维滤波可在时间域与空间域实现,也可在相应的二维傅里叶变换域实现,本节主要介绍 $f-k$ 域滤波的编程实现。

1. 二维傅里叶变换

f-k 域滤波中最重要的就是二维傅里叶变换。设地震信号为 $y(t,x)$。t 为时间变量，而 x 为空间变量。注意：$y(t)$ 表示一道地震记录；$y(t,x)$ 表示多道地震记录，或者说是一张剖面。

定义 $y(t,x)$ 的二维傅里叶正变换和逆变换分别如下：

$$Y(f,k) = \int_{-\infty}^{\infty}\int_{-\infty}^{\infty} y(t,x) e^{-i2\pi(ft+kx)} dt dx \tag{9-9}$$

$$y(t,x) = \int_{-\infty}^{\infty}\int_{-\infty}^{\infty} Y(f,k) e^{i2\pi(ft+kx)} df dk \tag{9-10}$$

频谱 $Y(f,k)$ 也是一个二维信号，称为 $y(t,x)$ 的频率-波数谱，简称频波谱，相应的变换也可称为 f-k 变换。二维傅里叶变换可以借助一维傅里叶变换来计算，即先沿时间方向作一维傅里叶变换到 $Y(f,x)$ 域，再沿空间方向作傅里叶变换到 $Y(f,k)$ 域。又因为 $k^* = \frac{1}{\lambda^*} = \frac{1}{V^*T} = \frac{f}{V^*}$，得到 $V^* = f/k^*$，所以 f-k 域滤波又可看作视速度滤波（倾角滤波）。

2. 二维傅里叶变换的性质

1）二维抽样定理

时间采样间隔 Δt 和空间采样间隔 Δx 应满足：

$$\begin{cases} \Delta t \leqslant \dfrac{1}{2f_c} \\ \Delta x \leqslant \dfrac{1}{2k_c} \end{cases} \tag{9-11}$$

2）二维 f-k 域的共轭性和周期性

二维信号是非负实偶函数，满足以下共轭关系：

$$\overline{U(f,k)} = U(-f,-k) \tag{9-12}$$

在 f-k 域平面上，当转换到主周期时，频谱图以原点为中心，相对象限 Ⅰ 和 Ⅲ、象限 Ⅱ 和 Ⅳ 呈对称关系。

二维信号同一维信号类似，对信号进行离散处理时会以伪门的形式产生一个主周期为间隔的周期延拓，以原点为中心按方形环形式向四周扩散。

在实际计算中，通常取 $0 \leqslant k \leqslant \dfrac{1}{\Delta x}, 0 \leqslant f \leqslant \dfrac{1}{\Delta t}$ 这个第一象限内的矩形（即为正周期）区域讨论谱的变化情况，如图 9-16 所示。

f-k 域的二维滤波方程表示为：

$$\hat{Y}(f,k) = H(f,k) \cdot Y(f,k) \tag{9-13}$$

其中，$Y(f,k)$ 可由二维傅里叶变换得到，$H(f,k)$ 就是所设计的滤波器。根据有效波和干

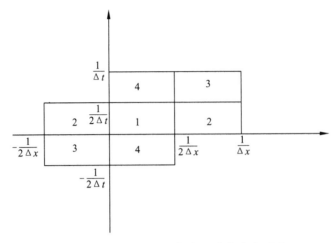

图 9-16 二维 f-k 域的正周期和主周期

扰波在 f-k 域平面上的分布特征,令

$$H(f,k) = \begin{cases} 0 & (f,k) \in 干扰区 \\ 1 & (f,k) \in 有效区 \end{cases} \quad (9-14)$$

即可实现二维 f-k 域滤波。

例 9-10 采用 MATLAB 编程实现单炮记录的 f-k 域滤波。
编写程序代码如下：

```
clc
clear
%%读取单炮数据
fid=fopen('E:\sample1.sgy','rb+','ieee-be');%叠前数据
    head1=fread(fid,3200,'*int8');
    head2=fread(fid,200,'*int16');%卷头
    n=60;
    Dao=double(zeros(12,n));%道头信息
    d=zeros(2048,64);%不够的数据用 0 补齐
for i=1:1:n
    daohead=fread(fid,60,'*int32');%道头
    d(1:1500,i)=fread(fid,head2(11,1),'*float','ieee-be');%数据
end
figure(1)
wigb(d(1:1500,1:60),2);
xlabel('Trace');
ylabel('t(ms)');
%%二维傅里叶变换到 f-k 域
N1=2048;%时间采样点数
```

```
N2=64;%空间采样点数
Y3=fft2(d(:,:),N1,N2);%二维傅里叶变换
y3=fftshift(Y3);
Pyy3(:,:)=Y3(1:N1,1:N2);
Pyy30(:,:)=y3(1:N1,1:N2);
dt=0.001;%时间采样间隔
fmax=1/dt;
f=fmax*(0:N1)/N1;
dx=5;%空间采样间隔
kmax=1/dx;
k=kmax*(0:N2)/N2;
figure(2)
subplot(1,2,1)
imagesc(k,f,abs(Pyy3))%正周期
set(gca,'YDir','normal')
xlabel('k');
ylabel('f(Hz)');
subplot(1,2,2)
imagesc(k-0.1,f-500,abs(Pyy30))%主周期
set(gca,'YDir','normal')
xlabel('k');
ylabel('f(Hz)');
%%建立扇形滤波窗
lv=zeros(N1,N2);
for i=1:N1
for j=1:N2
    if j<=N2/2 & i<=N1/2-80*(1-2*(j-1)/N2)
        lv(i,j)=1;
    elseif j<=N2/2 & i>=N1/2+80*(1-2*(j-1)/N2)
        lv(i,j)=1;
    elseif j>N2/2 & i>N1/2-80*(1-2*(j-1)/N2)
        lv(i,j)=1;
    elseif j>N2/2 & i<N1/2+80*(1-2*(j-1)/N2)
        lv(i,j)=1;
end
end
end
figure(3)
imagesc(k-0.1,f-500,lv)
```

```
set(gca,'YDir','normal')
xlabel('k');
ylabel('f(Hz)');
%% f-k域滤波
Y30=y3.*lv;
Pyy31=Y30(1:N1,1:N2);
figure(4)
imagesc(k-0.1,f-500,abs(Pyy31))
set(gca,'YDir','normal')
xlabel('k');
ylabel('f(Hz)');
%%傅里叶逆变换
Y31=fftshift(Y30);
d0=ifft2(Y31);
d00=real(d0);%取实部
figure(5)
wigb(d00(1:1500,1:60),2);%变面积显示
xlabel('Trace');
ylabel('t(ms)');
```

原始地震记录及其 f-k 域如图 9-17 所示。

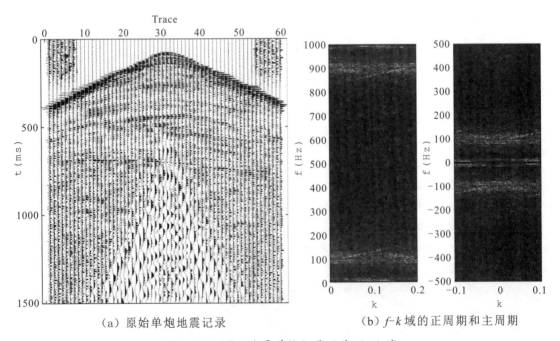

(a) 原始单炮地震记录　　(b) f-k 域的正周期和主周期

图 9-17　原始地震单炮记录及其 f-k 域

扇形滤波器如图 9-18 所示。滤波后的 $f-k$ 域如图 9-19 所示，滤波后的单炮记录如图 9-20 所示。

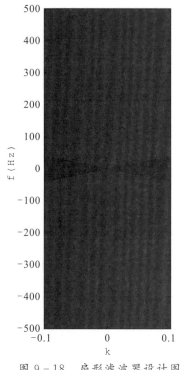

图 9-18　扇形滤波器设计图

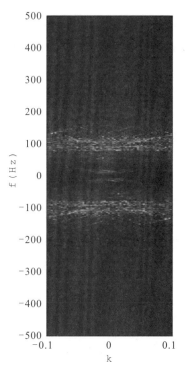

图 9-19　滤波后的 $f-k$ 域

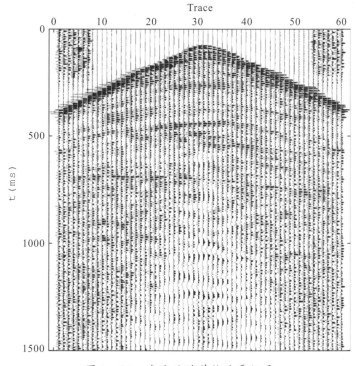

图 9-20　滤波后的单炮地震记录

9.5.2 叠后偏移成像

偏移成像是地震数据处理中的一项重要技术,可将地下介质形成的反射波归位、绕射波收敛到实际的反射点位置,能有效地提高地震资料解释的精度。叠后地震偏移是针对水平叠加地震剖面(自激自收地震剖面)而言,叠后地震偏移的计算公式为:

$$m(x,z) = \sum_{g=1}^{n} \frac{data(x_g, t(x_g, x, z))}{\| (x-x_g)^2 + z^2 \|^2} \tag{9-15}$$

其中,n 为地震道数,$data$ 为地震数据,x_g 为地震道的横坐标,z 为反射时间深度。

可简单地将地震数据的叠后偏移成像分为三步:

(1)输入离散的水平叠加地震剖面;

(2)按式 9-15 在输出深度剖面上画圆,半圆轨迹上的振幅与输入地震剖面中相应的脉冲振幅值成正比;

(3)输入剖面的每个格点对应于输出剖面的一个半圆,在半圆相交点振幅值叠加,叠加后的强振幅值或者各半圆的包络就是偏移得到的真实地震反射界面。

例 9-11 采用 MATLAB 编程实现地震数据叠后偏移成像,初始地震模型如图 9-21 所示。

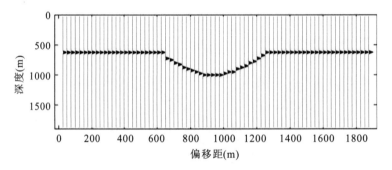

图 9-21 初始地震模型

编写的主程序代码如下:

```
clear all
dx=25;dz=dx;c=1500;nx=75;nz=75;ntrace=nx;
np=100;dt=0.004;time_table=1;
ntime=round(1.2*sqrt(nx^2+nz^2)*dx/c/dt);
app=round(nx);
%%反射系数模型
MIG=zeros(nx,nz);
for i=1:nx/3
    MIG(i,round(nz/3))=1;
```

```
end
for i=round(nx/3+1):round(2*nx/3-1)
    iz=15*sin((i-nx/3+1)*1.9*pi*3/nx/2);%凹反射界面
    MIG(i,round(iz+nz/3))=1;
end
for i=round(2*nx/3):nx
    MIG(i,round(nz/3))=1;
end
MOD=MIG;
%%地震子波
npt=np*dt;
t=-npt/2:dt:npt/2;
fr=15;
rick=(1-2*t.^2*fr^2*pi^2).*exp(-t.^2*fr^2*pi^2);%雷克子波
%%合成地震记录
[cdp1]=model1(MIG,time_table,nx,nx,nz,ntrace,ntime,dt,app,rick,dx,c);
[nx,ntime]=size(cdp1);refl=cdp1;n=nx;
migi=zeros(nx,nz);
app=round(nx/2);
refl1=[diff(refl')',zeros(nx,1)];
figure(1)
wigb(MOD',1,[1:nx]*dx,[1:nz]*dz);
xlabel('偏移距(m)')
ylabel('深度(m)')
%%偏移剖面
[MIG]=migrate1(refl1,time_table,nx,nx,nz,ntrace,ntime,dt,app,rick,dx,c,MOD);
MIG=MIG/max(max(abs(MIG)));
figure(2)
subplot(211)
wigb(refl',1,[1:nx]*dx,[1:ntime]*dt);
xlabel('偏移距(m)')
ylabel('时间(s)')
subplot(212)
wigb(MIG',1,[1:nx]*dx,[1:nz]*dz);
xlabel('偏移距(m)')
ylabel('深度(m)')
```

相应的子函数文件包括：
(1)model1.m 函数文件。

```
function [data]=model1(migi,time_table,nx,nxx,nz,ntrace,ntime,dt,app,rick,dx,c)
data=zeros(ntrace,ntime);
n1=length(rick);
data1=zeros(ntrace,n1+ntime-1);
for ixtrace=1:ntrace
    istart=1+(ixtrace-1)-app;
    iend=1+(ixtrace-1)+app;
    if istart<1
        istart=1;
    end
    if iend>nxx
        iend=nxx;
    end
    for ixs=istart:iend
        for izs=1:nz
            r=sqrt((ixtrace*dx-ixs*dx)^2+(izs*dx)^2);
            rr=1;
            time=1+round(r/c/dt);
            data(ixtrace,time)=migi(ixs,izs)/rr+data(ixtrace,time);
        end
    end
    data1(ixtrace,:)=conv2(data(ixtrace,:),rick);
end
data(:,1:ntime)=data1(:,1:ntime);
```

(2) migrate1.m 函数文件。

```
function [migi]=migrate1(cdp1,time_table,nx,nxx,nz,ntrace,ntime,dt,app,rick,dx,c,MOD)
migi=zeros(nxx,nz);
dz=dx;
for q=1:ntrace
    cdp2(q,:)=xcorr1(rick,cdp1(q,:));
end
cdp3=cdp2*0;
for i=1:ntime
    cdp3(:,i)=cdp2(:,ntime+i-1);
end
for ixtrace=1:ntrace
    istart=1+(ixtrace-1)-app;
```

```
            iend=1+(ixtrace-1)+app;
            if istart<1
                istart=1;
            end
            if iend>nxx
                iend=nxx;
            end
            for ixs=istart:iend
                for izs=1:nz
                    r=sqrt((ixtrace*dx-ixs*dx)^2+(izs*dx)^2);
                    time=round(1+r/c/dt);
                    rr=1;
                    migi(ixs,izs)=migi(ixs,izs)+cdp3(ixtrace,time)/rr;
                end
            end
end
```

(3)xcorr1.m 函数文件。

```
function [c,lags]=xcorr1(a,b,maxlag,option)
if nargin ==1
    b=[ ];maxlag=[ ];option='none';
elseif nargin==2
    maxlag=[ ];option='none';
    if isstr(b)
        option=b;b=[ ];
    elseif length(b)==1
        maxlag=b;b=[ ];
    end
elseif nargin==3
    option='none';
    if isstr(b)
        error('argument list not in correct order')
    end
    if length(b)>1
        if isstr(maxlag)
            option=maxlag;maxlag=[ ];
        end
    elseif length(b) <=1
        if isstr(maxlag)
```

```
            option=maxlag;maxlag=b;b=[ ];
        end
    end
end
if length(b)==1 & length(maxlag)==1
    error('3rd arg is maxlag,2nd arg cannot be scalar')
end
if length(maxlag)>1
    error('maxlag must be a scalar')
end
if isempty(option)
    option='none';
end
option=lower(option);
[ar,ac]=size(a);
La=ar;
if ar==1
    La=ac;
end
Lb=length(b);
if Lb>1
    if La~=Lb & ~strcmp(option,'none')
        error('for different length vectors A and B')
    end
    if min(size(a))==1 & min(size(b))==1
        onearray=2;
        if La>Lb
            b(La)=0;
        elseif La<Lb
            a(Lb)=0;
        end
        a=[a(:) b(:)];
    elseif min(size(b))>1
     error('B must be a vector (min(size(B))==1).')
    else
     error('When B is a vector,A must be a vector.')
    end
end
if Lb==1
```

```
        error('Something is messed up with b')
end
if size(a,1)==1 & Lb==0
    a=a(:);
end
if isempty(maxlag)
    maxlag=size(a,1)-1;
end
nopt=nan;
if strcmp(option,'none')
    nopt=0;
elseif strcmp(option,'coeff')
    nopt=1;
elseif strcmp(option,'biased')
    nopt=2;
elseif strcmp(option,'unbiased')
    nopt=3;
end
ifisnan(nopt)
    error('Unknow OPTION')
end
[nr,nc]=size(a);
nsq=nc^2;
mr=2*maxlag+1;
nfft=2^nextpow2(mr);
nsects=ceil(2*nr/nfft);
if nsects>4 & nfft<64
    nfft=min(4096,max(64,2^nextpow2(nr/4)));
end
pp=1:nc;
n1=pp(ones(nc,1),:);n2=n1';
aindx=n1(:)';bindx=n2(:)';
c=zeros(nfft,nsq);
minus1=(-1).^(0:nfft-1)'* ones(1,nc);
af_old=zeros(nfft,nc);
n1=1;
nfft2=nfft/2;
while(n1<nr)
    n2=min(n1+nfft2-1,nr);
```

```
        af=fft(a(n1:n2,:),nfft);
        c=c+af(:,aindx).*conj(af(:,bindx)+af_old(:,bindx));
        af_old=minus1.*af;
        n1=n1+nfft2;
end
if n1==nr
    af=ones(nfft,1)*a(nr,:);
    c=c+af(:,aindx).*conj(af(:,bindx)+af_old(:,bindx));
end
c=ifft(c);
jkl=reshape(1:nsq,nc,nc)';
mxlp1=maxlag+1;
c=[conj(c(mxlp1:-1:2,:));c(1:mxlp1,jkl(:))];
if nopt==1
  tmp=sqrt(c(mxlp1,diag(jkl)));
    tmp=tmp(:)*tmp;
    cdiv=ones(mr,1)*tmp(:).';
    c=c./cdiv;
elseif nopt==2
    c=c/nr;
elseif nopt==3
    c=c./([nr-maxlag:nr(nr-1):-1:nr-maxlag]'*ones(1,nsq));
end
if onearray==2
    c=c(:,2);
end
if ar==1
    c=c.';
end
if ~any(any(imag(a)))
    c=real(c);
end
lags=-maxlag:maxlag;
```

执行程序,合成地震记录叠加剖面如图9-22所示。

叠后偏移剖面如图9-23所示,偏移剖面所示与初始地震模型的形态基本一致。

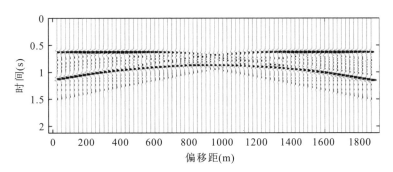

图 9-22 合成地震记录叠加剖面

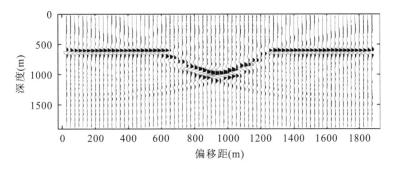

图 9-23 叠后偏移剖面

第10章 地球物理测井程序设计

地球物理测井,简称测井,是应用地球物理方法划分钻孔剖面、评价地层,进而解决某些地质问题的一门技术科学,是地质勘探和工程勘察的重要手段,测井的参数类型较多,包括自然电位、电阻率、密度、中子-孔隙度以及声速和声幅等,这些参数一方面作为划分地层、识别岩性的重要参数,另一方面也是辅助地震、电法等反演的重要参数。本章主要借助MATLAB软件介绍地球物理测井中的测井曲线的读取、显示和输出,以及测井曲线合成地震记录的制作等程序设计问题。

10.1 测井曲线的读取与显示

通常单一钻孔的测井曲线包含多种参数类型,对这些测井曲线的显示,有助于准确识别出目的层的埋深、厚度等信息,有助于获取目的层的基本物性参数,辅助地质和地震勘探的解释。因此,本节主要介绍测井曲线的读取和显示。

10.1.1 测井曲线的读取与显示

标准的测井曲线格式为LAS文件,通常可转换成文本文件进行读取、显示和输出。

例10-1 采用MATLAB编程实现纵波速度、密度和反射系数测井曲线的读取与显示,并设计GUI图形用户界面。

操作步骤如下:

(1)编程设计GUI窗口,添加3个菜单按钮,1个文本框,3个多选框和1个按钮,如图10-1所示;

(2)编辑3个菜单项的属性,文件:打开/退出;颜色:蓝色/红色;线型:实线/虚线;

(3)编辑文本框属性;

(4)编辑3个复选框,分别为速度、密度和反射系数;

(5)编辑"显示"按钮的属性和功能实现的函数;

(6)编写代码实现控件和菜单的功能。

用户界面设计的程序代码如下:

```
clear
clc
```

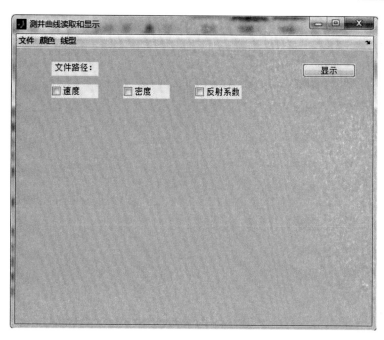

图 10-1 测井曲线读取与显示的图形用户界面

%%测井数据的读取和显示用户界面设计

global l;

global m;

figure('name','测井曲线读取和显示','numbertitle','off','menubar','none');%图形界面

%%菜单项

prompt='请输入路径:';

hfile=uimenu(gcf,'label','文件');%文件菜单

uimenu(hfile,'label','打开','callback','l=inputdlg(prompt)');

uimenu(hfile,'label','退出','callback','close');

m=0;t=0;

hcolor=uimenu(gcf,'label','颜色');%颜色菜单

uimenu(hcolor,'label','蓝色','callback','m=0');%默认为蓝色

uimenu(hcolor,'label','红色','callback','m=1');

hline=uimenu(gcf,'label','线型');%线型菜单

uimenu(hline,'label','实线','callback','t=0');%默认为实线

uimenu(hline,'label','虚线','callback','t=1');

%%文本框

tishi=uicontrol(gcf,'style','text','units','normalized','position',…
    [0.1,0.90,0.13,0.05],'string','文件路径:','fontsize',10);

%%复选框

a=0;b=0;c=0;

基于MATLAB的地球物理程序设计基础与应用

```
sudu=uicontrol(gcf,'style','check','units','normalized','position',…
    [0.1,0.82,0.13,0.05],'value',0,'string','速度','fontsize',10,'callback','a=1');
midu=uicontrol(gcf,'style','check','units','normalized','position',…
    [0.3,0.82,0.13,0.05],'value',0,'string','密度','fontsize',10,'callback','b=1');
fanshexishu=uicontrol(gcf,'style','check','units','normalized','position',…
    [0.5,0.82,0.13,0.05],'value',0,'string','反射系数','fontsize',10,'callback',
'c=1');
%%%按钮
xianshi=uicontrol(gcf,'style','push','units','normalized','string','显示',…
    'position',[0.80,0.9,0.15,0.05],'fontsize',10,'callback','draw(a,b,c,m,t)');
```

控件、菜单功能的draw.m函数代码如下：

```
function draw(a,b,c,m,t)
%%%绘图函数
global l
p=l{1,1};
d=load(p);
n=1;
%%%绘图选项
if m==0 & t==0
    option='b-';
elseif m==0 & t==1
    option='b.';
elseif m==1 & t==0
    option='r-';
else
    option='r.';
end
%%%绘图参数
if a==1
subplot(1,3,n)
plot(d(:,2),d(:,1),option);
set(gca,'units','normalized','position',[0.12,0.1,0.1,0.7]);%坐标轴设置
set(gca,'ydir','reverse')
xlabel('速度(km/s)')
ylabel('深度(m)')
n=n+1;
end
if b==1
subplot(1,3,n)
```

```
plot(d(:,3),d(:,1),option);
set(gca,'units','normalized','position',[0.32,0.1,0.1,0.7]);
set(gca,'ydir','reverse')
xlabel('密度(g/cm^3)')
ylabel('深度(m)');
n=n+1;
end
if c==1
subplot(1,3,n)
plot(d(:,4),d(:,1),option);
set(gca,'units','normalized','position',[0.52,0.1,0.1,0.7]);
set(gca,'ydir','reverse')
xlabel('反射系数')
ylabel('深度(m)')
end
lujing=uicontrol(gcf,'style','text','units','normalized','position',…
    [0.23,0.90,0.5,0.05],'string',p,'fontsize',10);%路径显示
```

选择"文件"菜单中的"打开"按钮,弹出的对话框如图 10-2 所示。

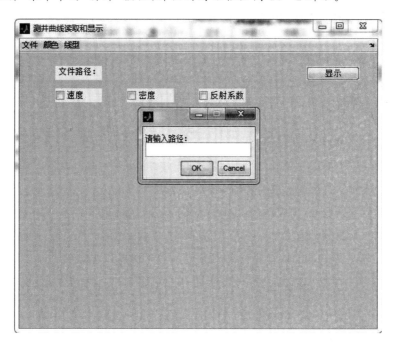

图 10-2　文件打开对话框

输入打开文件的路径,"颜色"选择"红色","线型"选择"虚线",显示参数选择"速度"和"密度",点击"显示"按钮,结果如图 10-3 所示。

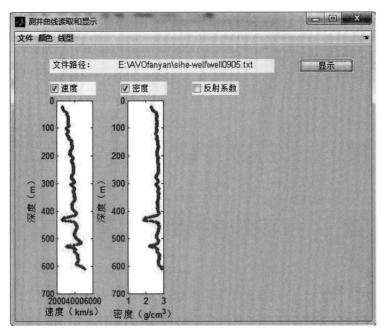

图 10-3　测井曲线显示结果

10.1.2　不同频率成分的测井信息提取与显示

测井数据具有不同的频率成分,分别指示不同尺度的地层信息,且具有不同的功能,例如高频的测井信息可用于薄层的识别,而低频的测井信息可用于地震反演的初始模型建立。本节采用 MATLAB 编程的方式对测井数据的不同频率成分进行显示。具体的实现流程包括:

(1)用 load 函数载入测井数据;
(2)利用傅里叶变换(FFT)将测井数据变换到频率域;
(3)采用窗函数进行滤波处理;
(4)利用傅里叶逆变换(IFFT)输出测井数据的不同频率成分;
(5)采用 plot 函数进行显示。

例 10-2　采用 MATLAB 编程提取测井曲线的不同频率成分。

编写的程序代码如下:

```
clear
clc
a=load('E:\well0905.txt');%载入测井数据
N=2048;%采样点数
i=1;
for q=10:50:200%控制窗的宽度
wcos(1,1:q)=1;
```

```
wcos(1,q+1:N-q)=0;
wcos(1,N-q+1:N)=1;%低通窗函数(方窗)
Y1=fft(a(:,3),N).*wcos';%快速傅里叶变换
Y2=fft(a(:,3),N);
Pyy1=Y1(1:N/2+1);%F(k)(k-1:N/2+1)
Pyy2=Y2(1:N/2+1);
dt=0.0001;%采样周期
fmax=1/dt;%采样频率
f=fmax*(0:N/2)/N;%频率轴f从零开始
D=ifft(Y1);
D=real(D);
figure(1)
subplot(1,5,i)
plot(D(1:length(a)),a(:,1),'r')%提取的不同频率成分
hold on
plot(a(:,3),a(:,1),'b')%原始测井曲线
set(gca,'ydir','reverse');
xlabel('速度(km/s)')
ylabel('深度(m)')
i=i+1;
end
```

运行程序后,得到的速度测井曲线从低频到中高频对应的信息如图10-4所示。

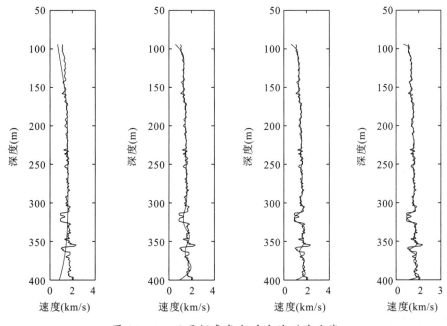

图10-4　不同频率成分对应的测井曲线

基于MATLAB的地球物理程序设计基础与应用

10.2 测井曲线合成地震记录的制作与显示

测井曲线的采集、存储通常以深度距离(m)作为单位,而地震记录通常以时间间隔(ms)为单位存储。所以,要将测井信息应用到地震反演中,并约束地震反演,必须进行测井曲线的标定,就必须利用测井曲线制作合成地震记录。本节将重点介绍测井曲线合成地震记录的制作与显示。

第9章介绍了合成地震记录可以通过褶积模型制作,即通过反射系数序列和地震子波褶积得到地震记录,所以测井曲线合成地震记录的制作过程包括以下几个步骤:

(1)利用测井曲线计算反射系数序列;
(2)提取相关的地震子波;
(3)反射系数序列和地震子波褶积得到合成地震记录并显示。

例10-3 采用MATLAB编程实现测井曲线合成地震记录的制作与显示,地震子波分别采用井子波和雷克子波。

编写的程序代码如下:

```
clear
clc
a=load('E:\well0905.txt');%载入测井数据
%%合成地震记录制作
for i=1:length(a)-1
    R(i,1)=(a(i+1,2)*a(i+1,3)-a(i,2)*a(i,3))/...
        (a(i+1,2)*a(i+1,3)+a(i,2)*a(i,3));%计算反射系数
end
figure(1)
plot(R(:,1),1:i,'r-');
set(gca,'ydir','reverse')
xlabel('反射系数')
ylabel('深度(m)')
wave1=load(('E:\jingzibo\wavelet.txt'));%井子波
wave2=ricker(0.001,50,100);%雷克子波
s(:,1)=conv(R,wave1(1:100));%褶积
s(:,2)=conv(R,wave2');%褶积
figure(2)
wigb(s(length(wave2)/2+1:length(s)-length(wave2)/2,1:2),1.0);%变面积显示
ylabel('深度(m)')
```

运行程序后,计算得到的反射系数如图10-5所示;将反射系数分别与井子波和雷克子波褶积得到的合成地震记录如图10-6所示。

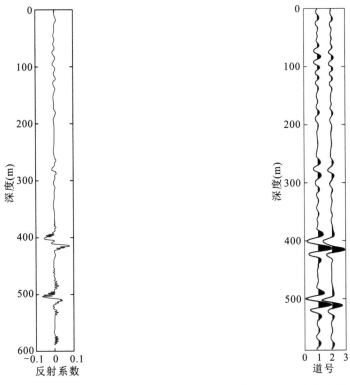

图 10-5 测井曲线计算的反射系数　　　　图 10-6 测井曲线合成的地震记录

10.3　测井曲线的统计图

测井曲线统计图包括交会图、频率交会图、Z 值图、直方图和概率分布图,可用于鉴别矿物成分、判断地层岩性、分析流体性质、计算地层地质参数、选择解释模型和解释参数以及检验解释模型和综合评价地层。本节将重点介绍交会图、直方图和概率分布图的制作。

1. 交会图

交会图用来表示给定岩性的两种测井参数关系的解释图版。交会图是根据纯岩石的测井响应建立的理论图版,是测井解释与数据处理的依据。通常可制作出速度-密度、纵横波速度、动弹性模量-动泊松比以及拉梅常数交会图。

2. 直方图

直方图表示井段测井值或地层参数的频数或频率的分布图形。其横坐标轴代表测井值或地层参数,并被分为若干个等距的区间,统计给定井段内落入各个区间的采样点数,这个点数为频数。并且直方图相比较交会图而言,具有直观、易看出统计分布特征,易估计测井参数或地层参数的平均值等特点。

3. 概率分布图

概率分布图表示井段测井数据中地层参数的分布情况,如概率密度分布图、累积概率分布图等,其横坐标轴代表测井值或地层参数,纵坐标代表概率。

例 10-4 采用 MATLAB 编程制作测井曲线的速度-密度交会图、速度直方图和速度概率分布图。

编写的程序代码如下:

```
clear
clc
%%%测井曲线的交会图
a=load('E:\well0905.txt');%载入测井数据
figure(1)
plot(a(:,2),a(:,3),'ko','LineWidth',1,'MarkerFaceColor','r','MarkerSize',5)
xlabel('纵波速度(m/s)')
ylabel('密度(g/cm^3)')
%%%直方图
figure(2)
histfit(a(:,2),20);
xlabel('纵波速度(m/s)')
ylabel('频数')
%%%概率分布图
figure(3)
subplot(1,2,1)
normplot((a(:,2)));
xlabel('纵波速度(m/s)')
ylabel('累计概率')
subplot(1,2,2)
cdfplot((a(:,2)));
xlabel('纵波速度(m/s)')
ylabel('累计概率')
```

执行程序得到的测井曲线速度-密度交会图、速度直方图和速度概率分布图分别如图 10-7、图 10-8 和图 10-9 所示。

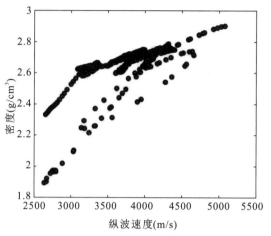

图 10-7 速度-密度交会图

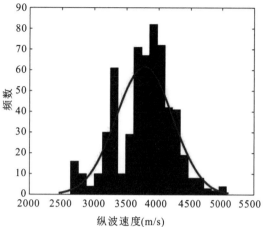

图 10-8 速度直方图

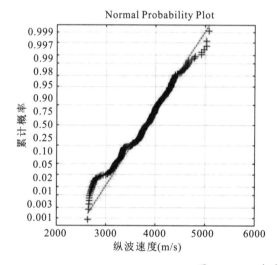

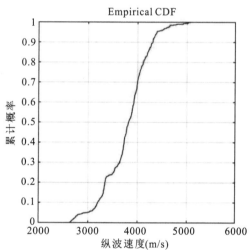

图 10-9 速度概率分布图

附录 上机实验

实验一 重磁勘探程序设计

一、实验目的

(1) 理解常见形状异常体的重力异常和磁异常正演计算方法和原理。
(2) 掌握函数文件的编程方法。
(3) 熟悉二维图、三维图的绘制。
(4) 熟练采用 MATLAB 编程实现数值计算。

二、实验内容

(1) 编程分析无限长厚板状体的磁异常,其中 $h=50\mathrm{m}, b=30\mathrm{m}, k=0.015(\mathrm{SI})$,$B=50\,000\mathrm{nT}, \alpha$ 为 $30°$。计算公式为:

$$\begin{cases} H_{ax} = \dfrac{\mu_0 M \sin\alpha}{4\pi} \ln \dfrac{(x-b)^2+h^2}{(x+b)^2+h^2} \\ Z_a = \dfrac{\mu_0 M \sin\alpha}{4\pi} \left(\arctan \dfrac{x+b}{h} - \arctan \dfrac{x-b}{h} \right) \end{cases}$$

(2) 编程实现球体($R=40\mathrm{m}, h=100\mathrm{m}, \sigma=2.3\mathrm{t/m^3}$)叠加在圆柱体($R=50\mathrm{m}, h=100\mathrm{m}, \sigma=1.1\mathrm{t/m^3}$)的重力异常值。

实验二　电法勘探程序设计

一、实验目的

(1) 理解大地电磁测深的正演计算方法和原理。
(2) 掌握函数文件的编程方法。
(3) 熟悉二维对数坐标图的绘制。
(4) 掌握程序流程控制的实现方法。

二、实验内容

编程实现均匀层状介质的大地电磁响应,其中 $\rho_1=100\Omega\cdot m, \rho_2=200\Omega\cdot m, \rho_3=100\Omega\cdot m, \rho_4=300\Omega\cdot m, h_1=50m, h_2=250m, h_3=300m$。计算公式为:

$$\begin{cases} Z_{0j}=-i\omega\mu/k_j \\ Z_m=Z_{0m}\dfrac{Z_{0m}(1-e^{-2k_mh_m})+Z_{m+1}(1+e^{-2k_mh_m})}{Z_{0m}(1+e^{-2k_mh_m})+Z_{m+1}(1-e^{-2k_mh_m})} \\ \rho_a=\dfrac{1}{\omega\mu}|Z_1|^2, \varphi=\arctan\dfrac{\mathrm{Im}[Z_1]}{\mathrm{Re}[Z_1]} \end{cases}$$

实验三　地震勘探程序设计

一、实验目的

(1)理解地震褶积方程和离散傅里叶变换的基本原理。
(2)熟练采用MATLAB编程实现数值计算。
(3)熟悉二维图和三维图的绘制。

二、实验内容

编程实现地震合成记录的制作与显示。地震子波为雷克子波(编写函数),峰值频率为50Hz,单一水平界面埋深为100m;上层介质P波速度为2000m/s,密度为1500kg/m³,下层介质P波速度为3000m/s,密度为2000kg/m³;炮检距为0～250m,道间距为5m,炮点位置为(0,0),并抽出一道进行频谱分析。

实验四　地球物理测井程序设计

一、实验目的

(1)理解地震褶积方程和傅里叶变换的基本原理。
(2)熟练采用 MATLAB 编程实现数值计算。
(3)熟悉多种类型三维图的绘制与显示。
(4)熟悉文件的读写操作。

二、实验内容

(1)编程实现测井曲线合成地震记录的制作与显示,地震子波采用 60Hz 雷克子波。
(2)编程制作测井曲线的速度-反射系数交会图、密度直方图和密度概率分布图。

参考文献

曹岩.MATLAB R2006a(基础篇)[M].北京:化学工业出版社,2008.
董守华,张凤威,王连元,等.煤田测井方法与原理[M].徐州:中国矿业大学出版社,2012.
管志宁.地磁场与磁力勘探[M].北京:地质出版社,2005.
李才明,李军.重磁勘探原理与方法[M].北京:科学出版社,2013.
李金铭.地电场与电法勘探[M].北京:地质出版社,2005.
李振春,张军华.地震数据处理方法[M].北京:中国石油大学出版社,2006.
刘国兴.电法勘探原理与方法[M].北京:地质出版社,2005.
刘天佑.地球物理勘探概论[M].北京:地质出版社,2007.
柳建新,童孝忠,郭荣文,等.大地电磁测深法勘探——资料处理、反演与解释[M].北京:科学出版社,2012.
陆基孟,王永刚.地震勘探原理[M].3版.青岛:中国石油大学出版社,2011.
马昌凤.最优化方法及其 Matlab 程序设计[M].北京:科学出版社,2010.
牟永光,陈小宏,李国发,等.地震数据处理方法[M].北京:石油工业出版社,2007.
尚涛.MATLAB 工程计算及分析[M].北京:清华大学出版社,2011.
史洁玉,孔玲军.MATLAB R2012a 超级学习手册[M].北京:人民邮电出版社,2013.
宋延杰,陈科贵,王向公.地球物理测井[M].北京:石油工业出版社,2011.
唐培培,戴晓霞.MATLAB 科学计算及分析[M].北京:电子工业出版社,2012.
童孝忠,柳建新.MATLAB 程序设计及在地球物理中的应用[M].长沙:中南大学出版社,2013.
曾华霖.重力场与重力勘探[M].北京:地质出版社,2005.
张德丰,雷晓平.MATLAB 基础与工程应用[M].北京:清华大学出版社,2012.
张德丰.MATLAB 实用数值分析[M].北京:清华大学出版社,2012.
郑阿奇.MATLAB 实用教程[M].3版.北京:电子工业出版社,2012.
周杨.MATLAB 基础及在信号与系统中的应用[M].北京:人民出版社,2011.
Gary F M. Numerical methods of exploration seismology with algorithms in MATLAB[D]. Alberta：The University of Calgary,2003.
Guptasarma D. New digital linear filters for Hankel J0 and J1 transforms[J]. Geophysical Prospecting,1997,45(5):745 - 762.
Witten A. Geophysica：MATLAB-based software for the simulation, display and processing of near-surface geophysical data[J]. Computers & Geosciences,2002,28(6):751 -762.